La revolución del genoma femenino

DR. GUILLERMO ANTIÑOLO

La revolución del genoma femenino

Por una atención médica personalizada para mejorar la salud, el envejecimiento y el bienestar de la mujer

Planeta

Diagonal, 662-664, 08034 Barcelona (España)
www.editorialplaneta.es
www.planetadelibros.com

Diseño del interior: © Mauricio J. Restrepo

Primera edición: marzo de 2025
Depósito legal: B. 2.993-2025
ISBN: 978-84-08-29960-8
Composición: Realización Planeta
Impresión y encuadernación: Liberdúplex
Printed in Spain - Impreso en España

PEFC Certificado
Este libro procede de bosques gestionados de forma sostenible
PEFC
PEFC/14-38-00305
www.pefc.es

ÍNDICE

La vida y la ciencia están llenas de serendipias
que solo la inspiración puede transformar en revelaciones.
Las mujeres siempre han sido para mí esa inspiración
para la vida y para la ciencia,
y, entre todas ellas, una.

INTRODUCCIÓN

Qué vas a encontrar en este libro

Siempre insisto en algo que parece obvio, pero que no deja de sorprender: a pesar de que las mujeres son más de la mitad de la población, a menudo se las trata como una minoría. En este contexto, atender sus problemas de salud no es solo una cuestión de reconocimiento o justicia, sino una necesidad sanitaria y social urgente. Las mujeres no experimentan las enfermedades de la misma manera que los hombres, y su proceso de envejecimiento, marcado por particularidades únicas, suele avanzar más rápidamente. Estas diferencias no son detalles insignificantes: requieren tratamientos que no solo se adapten a su biología, sino también a sus circunstancias y a su vida cotidiana.

Estamos en el siglo XXI, pero la medicina sigue tomando al hombre como modelo universal de paciente. A lo largo de estas páginas descubrirás que esto que te cuento no es solo una opinión personal. Los datos y estudios de las últimas décadas nos muestran cómo este enfoque ignora las realidades de millones de mujeres y sus necesidades de atención sanitaria. Y esa realidad, quizás, también sea la tuya.

El concepto del **#MeToo genómico** surge precisamente para hablar de ciencia y medicina con perspectiva de género. Un enfoque que, por fin, incluya a las mujeres como pacientes reales y no como una mera comparación con el hombre, que ha sido considerado durante demasiado tiempo el «paciente estándar». En el ámbito médico, hemos normalizado una **brecha de género** que, si no hacemos algo al respecto, solo seguirá ampliándose.

¿Cómo es posible que la mitad de la población siga siendo prácticamente invisible en la investigación médica? ¿Por qué las mujeres continúan recibiendo tratamientos que no tienen en cuenta sus particularidades biológicas, fisiológicas y su manera única de envejecer, enfermar y responder a los tratamientos? ¿Por qué sabemos tan poco sobre el rol de la fertilidad más allá de la maternidad?

Como científico, médico y especialista en salud femenina, me embarqué en el proyecto del genoma femenino con un objetivo claro: encontrar respuestas para la salud de la mujer que no existían. Recuerdo que, cuando empecé, muchos me decían que ya contábamos con una gran cantidad de datos genómicos tanto de hombres como de mujeres, y que, con un simple análisis, podríamos diferenciarlos. Mi respuesta siempre fue clara: **no tenemos un patrón genómico específico de la mujer.** Los datos que poseíamos estaban basados en estudios de salud femenina realizados bajo una visión androcéntrica, sin considerar las diferencias cruciales que existen entre ambos sexos.

Vivimos en una época en la que los **datos curan**, pero esos datos deben ser precisos, ajustados y, también, pensados para las mujeres. Es hora de alzar la voz y exigir una medicina con perspectiva de sexo y género, mientras trabajamos en soluciones que mejoren la vida de las mujeres. El **#MeToo genómico** es necesario y contamos con las herramientas para impulsarlo.

Una revolución está en marcha en el mundo de la medicina. Esta revolución no solo contribuirá a reducir la brecha de género, sino que también mejorará significativamente la salud de las mujeres. Puedes llamarla de muchas maneras, pero a mí me gusta llamarla **la revolución del genoma femenino.** Y tú, como mujer, debes ser protagonista de este cambio. Toma conciencia y conviértete en parte activa de esta transformación: solo traerá cosas buenas.

A lo largo de estas páginas recorreremos algunos de los principales retos a los que nos enfrentamos. Sin embargo, los beneficios son mucho más grandes y cada vez están más cerca. La revolución del genoma femenino ha llegado. Y sé que, con tu fuerza y capacidad para inspirar, podremos lograr esta transformación.

Mi objetivo es que leas estas páginas con curiosidad, que descubras las verdaderas claves de la salud femenina y, sobre todo, que sientas el deseo de ser parte de esta revolución. El **#MeToo genómico** ya está aquí, y te está esperando.

CAPÍTULO 1

La importancia del sexo biológico en medicina

Ser mujer u hombre, lo que llamamos sexo biológico en ciencia, es crucial en medicina. Dicho de otra forma: ser hombre o mujer marca una diferencia no solo desde una perspectiva social, económica y cultural, sino también desde una perspectiva de salud. En febrero de 2019, la prestigiosa revista médica *The Lancet* publicaba el artículo «COVID-19: el impacto de la epidemia por género», cuyos autores afirmaban algo revelador: «Reconocer en qué medida las enfermedades afectan de manera diferente a mujeres y hombres es un paso fundamental para comprender los efectos primarios y secundarios de una crisis de salud en diferentes individuos y comunidades, y para crear políticas e intervenciones efectivas y equitativas», defendían con acierto.

No podemos pasar por alto que la morbilidad y la prevalencia, los factores de riesgo, la edad de inicio y las presentaciones clínicas de las enfermedades a menudo difieren entre mujeres y hombres. Sin embargo, la medicina se caracteriza por una fuerte connotación androcéntrica. ¿Sabías que los ensayos clínicos se realizan principalmente en pacientes masculinos, generando resultados que simplemente se extrapolan a las mujeres? Lo dicen datos como este publicado en 2021 en el *Journal of the American College of Cardiology*, la revista del Colegio de Cardiología de Estados Unidos: las mujeres representan un tercio de los pacientes incluidos en ensayos clínicos realizados entre 2002 y 2007 para evaluar terapias cardiovasculares, un número que no ha cambiado sustancialmente con el tiempo.

Esta subrepresentación puede tener consecuencias importantes en la comprensión y el tratamiento de las enfermedades cardiovasculares en mujeres, ya que los resultados de estos estudios se basan mayoritariamente en datos de hombres. A pesar de los esfuerzos por mejorar la inclusión de las mujeres en la investigación clínica, persisten barreras que limitan su participación, afectando la aplicabilidad de los tratamientos en la población femenina.[1]

[1] https://www.acc.org/about-acc/press-releases/2021/08/06/14/45/women-underrepresented-in-cv-clinical-trials-despite-inclusivity-requirements.

«Women Underrepresented in Cardiovascular Clinical Trials Despite Inclusivity Requirements», publicado el 9 de agosto de 2021, en *Journal of the American College of Cardiology* (JACC). Este informe discute la baja participación de mujeres en ensayos clínicos cardiovasculares, incluyendo los realizados entre 2002 y 2007.

Hace apenas una década, en 2010, la revista *Nature*, un referente en el ámbito de la ciencia, publicó un editorial titulado *Poner el género en la agenda*. Esta frase resume problemas antiguos, pero también nuevos. Antiguos porque siempre ha sido así, lo que no deja de ser sorprendente, y nuevos porque, desgraciadamente, siguen sin resolverse. Los editores de *Nature* concluyeron que «la medicina que se aplica actualmente a las mujeres está menos basada en la evidencia que la medicina aplicada a los hombres». Una afirmación a la que yo añadiría: y apenas basada en la evidencia obtenida de pacientes femeninas.

Y este enfoque es un problema, muy serio, si queremos que las mujeres también gocen de buena salud.

Las características subyacentes al sexo y al género implican factores internos y externos que cambian a lo largo de la vida. El sexo biológico y el género sociocultural representan una fuente importante de diversidad entre los pacientes: las diferencias pueden observarse en áreas clave como la genética y la genómica, el entorno hormonal, la función inmunológica, el proceso de envejecimiento neurocognitivo, la salud cardiovascular, la respuesta

---

«Underrepresentation of women in cardiac imaging trials: A review», Rachel-Maria Brown, Catherine Weinberg, Caroline Ong, Jennifer H. Mieres. *Am Heart J Plus*. Disponible el 10 de febrero de 2022.doi: 10.1016/j.ahjo.2022.100102.eCollection 2022 Jan.

terapéutica y la interacción individual con los sistemas de salud. Las diferencias son tan grandes que es inaudito que la medicina que se aplica a las mujeres emane, básicamente, de la medicina que se aplica a los hombres.

POR QUÉ EL SEXO Y EL GÉNERO NO SON LO MISMO

El **sexo** se refiere a las características biológicas que distinguen a los hombres de las mujeres, como la genética, la anatomía, la fisiología y el funcionamiento hormonal.
El **género**, por otro lado, es una construcción social que se refiere a los roles, comportamientos, actividades y atributos que una sociedad considera apropiados para hombres y mujeres. El género es dinámico y varía según la cultura, el tiempo y el lugar.

UNA BRECHA QUE EN EL SIGLO XXI TODAVÍA PERSISTE

No me andaré con rodeos: históricamente, la salud de la mujer ha sido vista como si fuera simplemente la costilla de Adán, es decir, una mera extensión de la salud del hombre. Esta visión, que aun hoy persiste, no se basa en una intención discriminatoria, sino en el concepto erróneo de que la fisiología y la patología de hombres y mujeres son idénticas. Esta percepción ha dejado una huella profunda en la medicina, afectando tanto a la formación de los profesionales de la salud como a la calidad de la atención que reciben las mujeres. Los ejemplos los tenemos en el trato diario que se encuentran en las consultas médicas, en los diagnósticos que se emiten —o que terminan por llegar tarde o, incluso, no llegar—, en la manera de enfocar ciertos tratamientos, en los estudios que se llevan a cabo, en los fármacos que se recetan y en los conocimientos que se transmiten en las universidades. Ante esta situación no debemos olvidar una premisa tan clara como la siguiente: las mujeres necesitan una atención especializada porque tienen condicionantes distintos a los hombres.

Al examinar la historia de la medicina, nos topamos con numerosos estudios e investigaciones que reflejan una visión distorsionada de la salud femenina. Esta percepción, todavía vigente, influye negativamente en la educación médica. Lo digo no solo con conocimiento de causa, sino por la experiencia propia de mi práctica profesional diaria y mi contacto con el alumnado universitario. Es más, desde mi época de estudiante hasta hoy, esta visión no ha cambiado.

Me gustaría ampliar este punto porque tiene un fuerte impacto en cómo se ejercerá la medicina del futuro. La educación médica utiliza la fisiología del hombre como modelo estándar. Esto ha llevado a una falta de comprensión y reconocimiento del papel integral de los estrógenos —hormonas sexuales que se encuentran principalmente en las mujeres— y otras particularidades biológicas en la salud de la mujer. En los próximos capítulos entraré más en detalle al hablar de la fertilidad y del envejecimiento.

> En la actualidad, muchas mujeres con dolencias que van desde el cáncer hasta la ansiedad ven cómo se abordan sus patologías, erróneamente, desde una perspectiva masculina.

Si revisamos algunas patologías desde el punto de vista femenino, sabemos que, en el caso del cáncer, las mujeres pueden experimentar síntomas y progresiones diferentes a los hombres. Por ejemplo, las primeras señales del cáncer de colon en mujeres pueden ser menos evidentes, lo que retrasa su detección. Si nos referimos a la hipertensión arterial, ellas pueden desarrollarla en diferentes etapas de la vida, como durante el embarazo. Dicha patología se llama preeclampsia y esta complicación, que afecta a la salud de la madre y del bebé, aparece como tal durante la gestación. Otro ejemplo más: las mujeres con diabetes también pueden enfrentar mayores complicaciones durante el embarazo y tienen un mayor riesgo de enfermedades cardíacas. Por tanto, los tratamientos que reciben las mujeres deberían adaptarse siempre a todas estas variaciones y situaciones. Esta lista, lamentablemente, podría ampliarse con infinidad de dolencias.

Es vital que la educación médica se modernice para incluir una visión más completa y equitativa de la salud femenina. Esto implica un cambio significativo en los programas de estudio de las facultades de medicina, donde se debe enseñar la fisiología femenina con el mismo detalle y rigor que la masculina. Una de las opciones sería incluir módulos específicos que aborden las diferencias de género en la presentación, progresión y tratamiento de diversas enfermedades.

Voy a contar un detalle muy concreto. Aunque es una asignatura troncal en la formación médica, ginecología y obstetricia a menudo se percibe como una disciplina secundaria y es la única materia que aborda específicamente la salud femenina. Esta visión refleja un prejuicio arraigado en la sociedad que tiende a ver a las mujeres principalmente (o solo) como madres. Y como puedes imaginar —si eres mujer, lo vives en tus propias carnes— la salud de las mujeres va mucho más lejos.

Cuando la medicina femenina se aborda principalmente desde una perspectiva reproductiva, terminan ignorándose aspectos cruciales como la cardiología, la salud mental, los trastornos autoinmunes, la endocrinología y muchos otros. El currículo de todos los médicos debería implicar una comprensión más profunda y completa de la salud femenina. Esto no solo mejoraría la atención médica que reciben las mujeres, sino que también enriquecería la formación de los profesionales de la salud, dotándolos de una perspectiva más holística.

> Los estudiantes de medicina y los profesionales sanitarios deben comprender que hombres y mujeres son diferentes en aspectos fundamentales de la salud y que, por tanto, hay que considerar las necesidades específicas de las mujeres y las particularidades de su biología. La salud de la mujer va mucho más allá de su condición (o no) de madre.

A lo largo del libro hablaré con frecuencia de equidad y eficacia médica. Para mí son las dos caras de la misma moneda. Actualizar la educación médica para incluir una visión más completa de la salud femenina no es solo una cuestión de justicia, sino también de eficacia médica, algo a lo que debemos aspirar todos los que nos dedicamos a esta maravillosa profesión. Si los futuros profesionales de la salud están equipados con el conocimiento necesario para comprender y abordar las diferencias biológicas y de género, la calidad del trato hacia las pacientes mejorará. Este cambio elevará el estándar general de la práctica médica, creando un sistema de salud más justo y efectivo para todos.

UNA INVESTIGACIÓN MÉDICA INSUFICIENTE

La falta de una visión integral de la salud femenina también se traduce en una investigación médica que no aborda adecuadamente las necesidades específicas de las mujeres. En el capítulo siguiente hablaré más en concreto sobre esta cuestión, incidiendo en las razones de por qué sucede algo así y cuáles son los principales desafíos. Aquí me basta con señalar algo que ya debería remover conciencias.

Muchas enfermedades y condiciones que afectan predominantemente a las mujeres siguen siendo subestimadas y subfinanciadas en términos de investigación. La inclusión de más estudios centrados en cómo las enfermedades y tratamientos afectan a las mujeres de manera diferente es esencial para desarrollar prácticas médicas más precisas. Por ejemplo, sabemos que las enfermedades cardiovasculares se presentan y progresan de forma diferente en mujeres que en hombres, sin embargo, los tratamientos estándar a menudo no tienen en cuenta estas diferencias tan importantes. Asimismo, las mujeres tienen mayor predisposición a ciertos trastornos autoinmunes o inflamatorios como el lupus y la artritis reumatoide, y su experiencia con enfermedades mentales como la depresión y la ansiedad puede diferir de cómo las padecen los hombres. No tener en cuenta esas diferencias ahonda en la desigualdad.

Como puedes imaginar, que se subestimen o que falte financiación para las investigaciones sobre la salud femenina tiene profundas implicaciones. Es el caso de la endometriosis, una condición dolorosa que afecta a millones de mujeres en todo el mundo, que ha sido ignorada durante décadas, lo que ha resultado en diagnósticos tardíos y opciones de tratamiento limitadas. También sobre esta dolencia recae una falsa creencia muy extendida, como verás a continuación. De manera similar, los trastornos autoinmunes, que la ciencia ha demostrado que son más prevalentes en mujeres, no reciben la atención necesaria por parte de los investigadores para desarrollar tratamientos específicos.

Esta deficiencia en la investigación también se extiende a cómo ellas responden a los tratamientos. Como en los ensayos clínicos a menudo se excluyen a las mujeres o no se analizan los datos por sexo, muchos de los tratamientos resultantes se basan en datos únicamente de hombres. Esto puede resultar en soluciones médicas con menos posibilidades de éxito y, en algunos casos, pueden llegar a incrementar los riesgos de salud para las mujeres, ya que no se consideran las diferencias biológicas y hormonales que pueden influir en la seguridad de los medicamentos. Son muchos factores los que están relacionados y la consecuencia final siempre termina afectando a las pacientes.

Este enfoque no solo deja de lado las condiciones específicas de la mitad de la población, sino que también falla en considerar la respuesta a tratamientos y enfermedades. Es fundamental romper con este paradigma para desarrollar tratamientos que sean verdaderamente efectivos para ambos sexos. Esto requiere una reevaluación de cómo se diseñan y conducen los estudios clínicos, asegurando una representación equitativa de mujeres y hombres. Además, se necesita un enfoque más personalizado en la medicina que tenga en cuenta las diferencias de género en la biología, la fisiología y la psicología. Hay mucho en juego.

FALSAS CREENCIAS SOBRE LA SALUD DE LA MUJER

Existen muchos mitos y tabús sobre la salud femenina que pueden perjudicar el bienestar de las mujeres. Te invito a que leas algunas de las falsas creencias más comunes. Estoy convencido de que no te suenan como algo nuevo y más si eres mujer.

- ***El dolor menstrual intenso es normal.*** Muchas mujeres han crecido creyendo que experimentar dolor menstrual severo es simplemente «parte de ser mujer». Sin embargo, el dolor menstrual extremadamente intenso puede ser un síntoma de condiciones como la endometriosis, la adenomiosis o los fibromas uterinos. Estas condiciones pueden causar dolor debilitante y requieren diagnóstico y tratamiento adecuados. La normalización de estos síntomas ha llevado a que muchas mujeres no busquen ayuda médica, lo que retrasa el diagnóstico y agrava sus problemas de salud.

- ***La menopausia siempre implica una fuerte depresión y es el fin de la feminidad.*** Aunque algunas mujeres pueden experimentar síntomas como cambios de humor, depresión y ansiedad durante la menopausia, no es un hecho que todas pasen por esta experiencia de la misma manera. La menopausia es una transición en la vida de una mujer, no el final de su feminidad. Con el apoyo adecuado, incluyendo opciones de terapia hormonal y cambios en el estilo de vida, muchas mujeres pueden mantener una alta calidad de vida y salud mental. La menopausia no define ni limita el potencial o la identidad de una mujer.

- ***Los anticonceptivos hormonales solo sirven para prevenir embarazos.*** Los anticonceptivos hormonales no solo tienen efectos anticonceptivos, sino que también se utilizan para tratar una variedad de problemas de salud de la mujer, como el síndrome de ovario poliquístico (SOP), la endometriosis, el acné y los ciclos menstruales irregulares. Sin embargo, es importante que las mujeres consulten con su médico los riesgos y beneficios de los anticonceptivos hormonales, ya que estos pueden no ser adecuados para todas.

- ***Los problemas de fertilidad siempre son atribuibles a la mujer.*** La fertilidad es una cuestión compartida, y las causas de infertilidad están distribuidas de manera equitativa entre ambos sexos. Las causas de infertilidad masculina, como baja motilidad espermática o calidad deficiente del esperma, son igualmente comunes y deben ser evaluadas cuando una pareja tiene dificultades para concebir. Atribuir el problema de fertilidad exclusivamente a la mujer no solo es incorrecto, sino que también puede retrasar el diagnóstico y tratamiento adecuado.

- ***Los quistes ováricos siempre son peligrosos y deben ser extirpados.*** La presencia de quistes ováricos es bastante común, y en la mayoría de los casos, estos quistes son benignos y pueden desaparecer sin tratamiento en uno o dos ciclos menstruales. Algunos quistes, como los foliculares o los quistes funcionales, se desarrollan de manera natural durante el ciclo menstrual y rara vez causan problemas graves. La intervención quirúrgica suele reservarse para casos en los que el quiste es grande, doloroso o sospechoso de ser maligno. La observación y el seguimiento son opciones adecuadas en muchos casos, lo que evita cirugías innecesarias y complicaciones.

- ***El síndrome premenstrual (SPM) es solo una exageración o una excusa.*** El síndrome premenstrual es una condición real que afecta a muchas mujeres con síntomas físicos y emocionales, que pueden ser graves y alterar su calidad de vida. Los síntomas del SPM pueden incluir irritabilidad, cambios de humor, fatiga, dolores de cabeza y sensibilidad en los senos, entre otros. Minimizar o invalidar el SPM contribuye a una falta de comprensión y apoyo hacia las mujeres que lo experimentan. En algunos casos, estos síntomas pueden ser tan intensos que derivan en un trastorno disfórico premenstrual (TDPM), una condición más severa que puede requerir tratamiento médico.

- ***Los síntomas de enfermedades del corazón son iguales para hombres y mujeres.*** En las mujeres, los síntomas de enfermedades cardíacas pueden ser distintos y menos evidentes que en los hombres. En lugar de un dolor intenso en el pecho, las mujeres pueden experimentar síntomas como fatiga extrema, náuseas, dolor en el cuello, espalda o mandíbula, y dificultad para respirar. Esta diferencia ha llevado a una subestimación y un diagnóstico tardío de enfermedades cardíacas en mujeres. La educación sobre estos síntomas específicos es crucial para una intervención temprana y una mayor tasa de supervivencia.

- ***Las mujeres con síndrome de ovario poliquístico (SOP) no pueden quedar embarazadas.*** Aunque el SOP puede afectar a la fertilidad debido a los desequilibrios hormonales que interfieren con la ovulación, no significa que todas las mujeres con esta condición no puedan concebir. Existen tratamientos y cambios en el estilo de vida que pueden mejorar la fertilidad en mujeres con SOP. Además, muchas mujeres con SOP logran embarazos exitosos con la ayuda de intervenciones médicas y cambios en su dieta y actividad física.

- ***El síndrome de ovario poliquístico (SOP) solo afecta la fertilidad.*** El SOP es una condición hormonal que, aunque afecta a la fertilidad, también tiene un impacto importante en otros aspectos de la salud. Las mujeres con SOP pueden tener mayor riesgo de desarrollar diabetes tipo 2, hipertensión, problemas cardíacos y trastornos del estado de ánimo. Además, los síntomas del SOP, como el acné, el crecimiento de vello y los ciclos menstruales irregulares, afectan al bienestar físico y emocional. El SOP requiere un enfoque integral para abordar no solo la fertilidad, sino todos los riesgos y síntomas asociados.

- ***La incontinencia urinaria es algo normal después del parto.*** Aunque la incontinencia urinaria es común en mujeres después del parto, especialmente tras partos vaginales, no debe considerarse normal ni algo inevitable. Es un problema que afecta a la calidad de vida, pero existen tratamientos efectivos, como la fisioterapia del suelo pélvico, ejercicios de Kegel y, en algunos casos, procedimientos médicos. Abordar la incontinencia tempranamente puede prevenir complicaciones a largo plazo y mejorar el bienestar de las mujeres.

- ***La salud sexual no es una prioridad en la atención médica femenina.*** La salud sexual es una parte fundamental del bienestar de las mujeres, pero con frecuencia se pasa por alto en la atención médica. Problemas como la falta de deseo, el dolor durante las relaciones y las dificultades para alcanzar el orgasmo pueden afectar a la calidad de vida y al bienestar emocional. A pesar de ello, muchas mujeres sienten vergüenza de hablar sobre su salud sexual, y algunos médicos no abordan estos temas de modo proactivo. La salud sexual debe ser una prioridad en la atención médica de la mujer, con un enfoque que incluya tanto los aspectos físicos como los emocionales.

- ***Los problemas de salud de las mujeres solo empiezan en la menopausia***. Esta creencia ha llevado a un menor enfoque en la salud preventiva para mujeres jóvenes. Aunque la menopausia trae consigo cambios hormonales significativos, las mujeres pueden experimentar problemas de salud en cualquier etapa de la vida. Condiciones como el síndrome premenstrual, los desórdenes de fertilidad, la endometriosis y el síndrome de ovario poliquístico afectan a muchas mujeres jóvenes. La salud femenina debería ser una prioridad desde la adolescencia, con un enfoque preventivo y de educación para el autocuidado a largo plazo.

Debemos erradicar estos mitos y proporcionar información basada en la evidencia para mejorar la salud y el bienestar de las mujeres. La educación y la sensibilización, tanto en la consulta médica como en los medios de comunicación, juegan un papel vital en este proceso. Hay mucho camino por delante, pero es el momento de empezar a recorrerlo.

UNA VISIÓN OBSOLETA Y ALEJADA DE LA REALIDAD

A lo largo de la historia se han logrado grandes avances médicos, pero la manera en que se aplican los conocimientos a la salud femenina ha cambiado poco con el tiempo. Un ejemplo evidente es el tratamiento del envejecimiento, especialmente en la menopausia. La ausencia de estrógenos, la hormona sexual femenina, puede provocar una serie de problemas como cambios en el estado de ánimo, ansiedad y, en algunos casos, depresión.

A pesar de que la causa del problema está bien identificada y su tratamiento adecuado podría ser la terapia con estrógenos, una inmensa mayoría de mujeres son tratadas con ansiolíticos. Este enfoque no solo es ineficaz, sino que también ignora la raíz del problema, subrayando la necesidad de un cambio en el paradigma médico. De nuevo, los problemas de salud de las mujeres se abordan como si fueran hombres, sin considerar las diferencias biológicas ni las necesidades específicas.

Este ejemplo solo es una muestra de la urgencia de actualizar los programas educativos y las prácticas clínicas para reflejar mejor la realidad de la salud de las mujeres. Los especialistas deberíamos ser conscientes de que la persistencia de un enfoque obsoleto tiene serias consecuencias, no solo en términos de efectividad del tratamiento, sino también en la calidad de vida de las pacientes. Algo que, sin duda, es lo más importante. De todo esto os hablaré en más profundidad a lo largo del libro, pero creo necesario, al menos, señalarlo desde el principio.

Las mujeres en España son más del 50 % de la población y merecen una atención médica acorde con lo que realmente necesitan. Es hora de romper con las viejas prácticas para adoptar, por fin, una visión más completa e inclusiva de la salud femenina.

PROTAGONISTAS DE UNA DESIGUALDAD SANITARIA INVISIBLE

Existen formas de desigualdad en la salud que no son obvias a simple vista. Generalmente, cuando hablamos de desigualdad en el ámbito médico, pensamos en situaciones que nos impiden que podamos acceder a los servicios sanitarios. Sin embargo, el verdadero acceso comienza cuando el tratamiento que recibimos es adecuado y específico según nuestras necesidades. Y, sí, esas necesidades son diferentes entre hombres y mujeres. La falta de especificidad y adecuación en los tratamientos es la raíz de muchos problemas en la atención sanitaria que hoy reciben las mujeres.

Antes he comentado la importancia de que en la carrera de medicina haya un enfoque distinto, más real e inclusivo para la otra mitad de la población. No podría dejar de lado a los profesionales de la salud: todos debemos recibir una formación continua y adecuada que nos prepare para adaptar los tratamientos que prescribimos. Los médicos debemos estar equipados para reconocer y tratar las diferencias biológicas y fisiológicas entre nuestros pacientes, garantizando así una atención de alta calidad para todos. Esta formación, en el caso de las mujeres, no se debe reducir únicamente a los aspectos reproductivos, sino que ha de incluir las múltiples facetas de la salud femenina.

Como es obvio, no podemos hacerlo solos. La política de salud pública debe reflejar este entendimiento, promoviendo investigaciones y prácticas clínicas que respeten y respondan a las diferencias sexuales. Por ejemplo, los organismos reguladores también tienen un papel crucial a la hora de exigir que los nuevos fármacos y tratamientos sean probados adecuadamente en ambos sexos antes de su aprobación.

La promoción de un enfoque equitativo y personalizado también requiere de un cambio cultural dentro de las instituciones de salud. Es necesario que se reconozca y valore la importancia de la salud femenina en todos los niveles, desde la formación y educación hasta la práctica clínica y la investigación. Esto incluye la sensibilización sobre la necesidad de escuchar y respetar las preocupaciones y experiencias de las pacientes, y la eliminación de cualquier forma de sesgo de género en la atención médica. Por ejemplo, cuando una mujer acude a nuestra consulta aquejada por cualquier síntoma o problema médico, no debemos atenderla manteniendo unas ideas preconcebidas, sin escucharla lo suficiente o sin tener en cuenta sus particularidades.

Además, es fundamental que los pacientes sean conscientes de estas diferencias y que, en el caso de las mujeres, no minimicen lo que les pasa. Ellas deben sentirse empoderadas para preguntar a los profesionales sanitarios, para querer saber por qué se sienten de una forma u otra y cómo los tratamientos pueden afectarles, así como también para buscar una atención médica que reconozca y respete sus necesidades únicas. Este cambio cultural, junto con una investigación médica más equitativa, contribuirá a un sistema de salud más justo y efectivo para todos.

> Romper con el paradigma de la igualdad en salud no solo es una cuestión de justicia, sino también de eficacia médica. Al adoptar una visión más matizada y precisa de las diferencias de género en la salud, podremos mejorar significativamente los resultados para todos los pacientes, asegurando que cada individuo reciba el tratamiento más adecuado para sus necesidades específicas.

HACIA EL #METOO GENÓMICO

Como puedes imaginar, todo lo expuesto refleja un fracaso sistémico tanto en la educación médica como en la implementación de prácticas clínicas basadas en la evidencia específica sobre la salud de las mujeres. Y es aquí cuando cobra todo el sentido la existencia de un movimiento similar al #MeToo, aunque aplicado al ámbito genómico, que estudie todos los genes que se encuentran en el organismo, con un objetivo clave: que se empiecen a reconocer y abordar las disparidades de sexo y género en la atención médica a las mujeres. El #MeToo sirve de inspiración al tratarse de un movimiento activo que fue sumando a la causa feminista a muchísimas personas en todo el mundo. Imagina si la fuerza de un movimiento así pudiese aplicarse a la medicina de las mujeres.

La llamada a un #MeToo genómico es una invitación a reconocer y corregir las disparidades de género en la atención sanitaria. Es una suma de todas y cada una de las reivindicaciones mencionadas en este capítulo. Al actualizar la educación médica, promover la investigación inclusiva, implementar prácticas clínicas basadas en la evidencia y desarrollar políticas de salud pública equitativas, podremos avanzar hacia un sistema de salud más efectivo. Este movimiento no solo mejoraría la atención médica para las mujeres, sino que también elevaría el estándar de la práctica médica en general, beneficiando a toda la sociedad. El sistema de salud podría ser más justo y efectivo para todos.

En pleno siglo XXI, poner al día la práctica médica significa ir más allá de simplemente aplicar los conocimientos que se tienen sobre los hombres a las mujeres. Necesitamos un enfoque que reconozca las diferencias y proporcione tratamientos específicos y adecuados para las mujeres. Este cambio de paradigma no es fácil, pero es esencial para eliminar la inequidad profundamente arraigada en la medicina actual. El #MeToo genómico es una transformación que no solo mejorará la salud y el bienestar de las mujeres, sino que también nos permitirá tener una comprensión más profunda y completa de la biología y las necesidades humanas.

El #MeToo genómico mejorará la atención médica de las mujeres en particular, pero también será una revolución de la práctica médica en general. Necesitamos un cambio de paradigma y que esa transformación la lideren las mujeres.

Nuestra sociedad está atravesando cambios radicales en los ámbitos sociales, económicos y sanitarios. Estos tiempos de transformación exigen un nuevo tipo de liderazgo: uno que sea ético y moral, que enfrente el miedo y la ansiedad sin perder la razón, que mantenga el optimismo y fomente la tenacidad, la creatividad y la iniciativa. Necesitamos un liderazgo que trate a todos con respeto, afecto y empatía, como lo describió el explorador antártico Ernest Shackleton. El liderazgo ahora necesita la perspectiva innovadora y el espíritu del Sur: un liderazgo abierto, cercano, transversal e inclusivo. El tipo de liderazgo encarnado por las mujeres y su forma de entender el mundo.

La pandemia nos dejó claro que la ciencia, la investigación y la innovación son imprescindibles para nuestra salud. También destacó el protagonismo de las mujeres en estos campos. Las mujeres son fundamentales en la prestación de servicios: médicas, enfermeras, científicas y líderes comunitarias. Son expertas en sus propias vidas y deben tener una participación equitativa en todos los esfuerzos de preparación y respuesta a crisis. Según la Organización Mundial de la Salud (OMS), las mujeres constituyen el 70 % de la fuerza laboral en salud. Por lo tanto, su participación es vital para cualquier solución efectiva y equitativa en el sector sanitario.

Cuando *The Lancet* dedicó un número completo a hablar sobre la equidad en la ciencia, la medicina y la salud global, subrayó una idea notable: la importancia de que quienes trabajan en estos campos representen a las sociedades que sirven. La lucha por la equidad de género es responsabilidad de todos, hombres y mujeres, investigadores, clínicos, financiadores y líderes institucionales. La igualdad de género es uno de los factores más importantes para el desarrollo económico, pero también para la salud. Sin embargo, aún existe un notable desequilibrio en el ámbito de la gestión sanitaria y la investigación, ya que los hombres ocupan la mayoría de los puestos más relevantes. Y esto también debería cambiar.

La lucha por la igualdad en la ciencia, la medicina y la salud global es responsabilidad de todos. A medida que enfrentamos estos desafíos, es fundamental que las mujeres asuman posiciones de liderazgo para construir un futuro más saludable para todos. Es hora de abordar los cambios y los retos que tenemos por delante con una perspectiva de género.

IDEAS CLAVE

- Es crucial romper con el paradigma de que hombres y mujeres son iguales en términos de salud. La investigación médica, a menudo basada en estudios realizados en hombres, se aplica incorrectamente a las mujeres, ignorando las diferencias significativas en cómo ciertas enfermedades afectan a cada sexo.
- La educación médica sigue siendo androcéntrica, perpetuando la visión de que la salud de la mujer es simplemente una extensión de la salud del hombre. Esta visión limitada afecta a la calidad de la atención que reciben las mujeres, ya que, en general, no se consideran sus necesidades específicas ni las particularidades de su biología.
- Las instituciones académicas deben revisar y actualizar sus programas de estudio para asegurarse de que la salud femenina se aborde de manera integral. Esto incluye la incorporación de módulos específicos sobre enfermedades que afectan predominantemente a las mujeres y la adaptación de los tratamientos médicos para reflejar las diferencias de género.
- Para abordar adecuadamente la salud de la mujer habría que cambiar la educación y la práctica médica. Esto incluye reconocer el papel clave de los estrógenos en todas las etapas de la vida de la mujer.
- Es esencial también educar a los futuros médicos sobre los factores sociales, culturales y económicos que influyen en la salud femenina. Los profesionales de la salud deben comprender cómo el sexo también puede determinar la experiencia de la enfermedad y la respuesta al tratamiento.

- Se debe fomentar la investigación en áreas específicas de la salud femenina que han sido desatendidas durante décadas. El aumento de la financiación para estudios sobre enfermedades que afectan principalmente a las mujeres, como la endometriosis y los trastornos autoinmunes, es esencial. Los resultados de estas investigaciones deben ser integrados en la práctica clínica para mejorar la vida de las mujeres.

CAPÍTULO 2

Redefiniendo la fertilidad: el poder de los estrógenos

Cuando hablamos de fertilidad, normalmente la limitamos a la capacidad de concebir y tener hijos. Sin embargo, uno de mis propósitos con este libro es que todas las lectoras vean que la fertilidad es una cuestión que va más allá de la maternidad. Es importante redescubrir la fertilidad femenina, redefinirla y entenderla en un contexto más amplio, especialmente con relación a la salud integral de la mujer. La fertilidad no es solo una cuestión de reproducción; es un reflejo de cómo funciona el cuerpo y la fisiología femenina en su totalidad.

Por tanto, lo más razonable es pensar que la fertilidad, el funcionamiento ovárico normal y, por tanto, la producción de estrógenos, las principales hormonas sexuales femeninas, deben jugar un papel central en la salud y el bienestar físico y psicológico de la mujer.

¿Cómo es posible que algo tan obvio no lo haya visto nadie antes? Porque muchos de nosotros no estamos entrenados para verlo. Pensamos que hombres y mujeres son iguales fisiológicamente hablando. Me di cuenta de que la medicina que se nos enseña y que hemos aprendido no tiene nada que ver con la mujer porque debería entenderse la fertilidad como un concepto único que influye en la salud femenina.

A medida que una mujer envejece, sus niveles de estrógenos comienzan a disminuir, lo que es comúnmente visto como el final de su período fértil. No obstante, esta disminución hormonal marca el inicio de una etapa de transición que requiere una atención médica específica y adecuada. Durante esta fase, la salud femenina necesita un enfoque holístico, que incluya no solo aspectos reproductivos, sino también la evaluación de otros componentes de la salud que pueden verse afectados.

Reconocer la fertilidad desde una perspectiva global nos ayuda a comprender su importancia en la vida de la mujer más allá de la capacidad de tener hijos. Es un indicador clave de salud que puede influir en varios aspectos, desde la densidad ósea hasta la salud del corazón y el bienestar mental. Por ello, debemos prestar atención a los cambios hormonales de las mujeres y a sus efectos para garantizarles una mejor calidad de vida en todas las etapas. Y es entonces cuando debemos fijarnos en los estrógenos, el verdadero motor de la salud femenina.

EL ROL DE UNAS HORMONAS ESENCIALES PARA LAS MUJERES

Los estrógenos son hormonas fundamentales en la biología femenina y tienen un impacto profundo en muchos aspectos de la salud.

- Durante los años fértiles: los estrógenos regulan el ciclo menstrual, mantienen la salud ósea y cardiovascular, y afectan al estado de ánimo y a la función cognitiva.

- Después de la menopausia: la disminución de estrógenos puede traer desafíos como la pérdida de densidad ósea y cambios en la salud cardiovascular, pero también puede ser un tiempo de sabiduría y autoconocimiento. A lo largo de su vida, la relación de una mujer con su fertilidad y sus hormonas influye en su autopercepción y en su rol en la sociedad. Desde la juventud hasta la menopausia, los cambios hormonales afectan a cómo se ve a sí misma y cómo es percibida por los demás. Si eres mujer, lo sabrás perfectamente.

La fertilidad debe ser vista desde una perspectiva global y holística porque los estrógenos son la clave que conecta diversos aspectos de la salud de la mujer. En ese sentido, cada vez hay más estudios que demuestran cómo la deficiencia de estrógenos puede afectar significativamente a la salud femenina, contribuyendo a un mayor riesgo de enfermedades y, en última instancia, a la mortalidad. Lo digo sin ánimo de alarmar, pero sí de alertar a las mujeres sobre una realidad que afecta o que afectará a su salud.

En concreto, es momento de hablar de las enfermedades no transmisibles (ENT), que suelen ser el resultado de una combinación de factores genéticos, ambientales y del estilo de vida. Algunas de las enfermedades no transmisibles más comunes son el cáncer, la diabetes, así como algunas afecciones cardíacas y respiratorias crónicas, como el asma. Estas patologías tienden a desarrollarse lentamente y son a menudo crónicas, lo que significa que duran mucho tiempo y pueden afectar a la calidad de vida a largo plazo. Estas enfermedades son responsables de una gran cantidad de muertes en todo el mundo, y a menudo están relacionadas con hábitos poco saludables, como una mala alimentación, la falta de actividad física, el consumo excesivo de alcohol y el tabaquismo. Sin embargo, muchas se pueden prevenir o controlar con algunos cambios en el estilo de vida y una atención médica adecuada.

Dicho esto, solo me queda confirmar algo que ya debes imaginar: cuando los niveles de estrógenos disminuyen, especialmente después de la menopausia, las mujeres son más propensas a desarrollar una serie de condiciones de salud, como osteoporosis, enfermedades cardiovasculares y deterioro cognitivo. Este cambio no debe ser visto únicamente como una consecuencia inevitable del envejecimiento, sino como un momento en el que se debe prestar especial atención a la salud general.

Voy a adelantarme a algo que abordaré de manera más específica en el capítulo siguiente. Afortunadamente, se ha demostrado que la terapia hormonal sustitutiva (THS) con 17-beta estradiol —una de las hormonas sexuales femeninas con múltiples funciones en el cuerpo de las mujeres— puede mejorar su salud. La terapia, de la que te hablaré al detalle a lo largo del libro, no solo ayuda a aliviar los síntomas de la menopausia, sino que también ha demostrado mejorar las tasas generales de supervivencia al reducir el riesgo de enfermedades crónicas asociadas con la deficiencia de estrógenos.

En el último siglo, hemos visto cómo la esperanza de vida se ha duplicado, pasando de un promedio de 40-50 años a más de 80 años en muchos países. Con este aumento en la longevidad, las causas de muerte han cambiado de enfermedades agudas, como infecciones y hemorragias, a enfermedades crónicas relacionadas con el envejecimiento, como las afecciones cardíacas y el cáncer. Esto resalta la importancia de entender y manejar mejor los cambios hormonales y sus efectos en la salud a medida que las mujeres envejecen. Y, cómo no, resalta la importancia de redefinir (y ampliar) el concepto de fertilidad.

> La fertilidad es mucho más que un proceso biológico, es una cuestión que gestiona la salud de la mujer a lo largo de toda su vida. Cuando se pierde la fertilidad, el mayor problema es que se pierde el motor de la salud de las mujeres: los estrógenos. La principal hormona sexual femenina desempeña un papel esencial en el cuerpo de la mujer, algo que va más allá de la reproducción.

MEDICINA GENÓMICA Y PERSONALIZADA PARA TRATAR LA INFERTILIDAD Y LA SALUD

Una de las mayores revoluciones que se están dando en el campo de la fertilidad y de la salud en términos más amplios es la que protagoniza la medicina genómica y personalizada. Pero ¿a qué me refiero al hablar de medicina genómica? Esta disciplina médica se centra en el estudio del **genoma**, que es el conjunto completo de genes en una célula o un organismo. Los datos genómicos nos dan información sobre nuestra secuencia de ADN y las variantes genéticas que pueden influir en nuestra salud. Hasta aquí puede resultar sencillo de entender. ¿Qué sucede hoy en el tratamiento de la infertilidad? Pues que la comunidad médica está explorando cada vez más la relación con factores genéticos y cómo estas condiciones pueden ser un reflejo de problemas de salud más amplios. Además, este tipo de medicina está comenzando a reconocer la importancia de integrar las diferencias de sexo y género en el diagnóstico, el tratamiento y la investigación sobre fertilidad. Aunque, tal y como apunte en el capítulo anterior, queda muchísimo por hacer.

Como te mostraré más adelante, existe una combinación de datos que está resultando especialmente reveladora a la hora de comprender el funcionamiento y las consecuencias de la infertilidad. Se trata de los siguientes:

- Los **datos genómicos**, que son aquellos que nos permiten identificar variantes genéticas que pueden influir en la fertilidad y la salud reproductiva.

- Los **datos del mundo real**, aquellos que han sido recopilados de las experiencias y resultados de los pacientes en su vida cotidiana, los cuales proporcionan información valiosa sobre cómo se manifiestan estas condiciones de salud en diferentes entornos y poblaciones.

- Los **datos clínicos**, los cuales han sido obtenidos de estudios y registros médicos, y que aportan un contexto necesario sobre los tratamientos y sus resultados.

La integración de todos los datos nos ofrece una visión más completa y detallada, permitiendo identificar mejor las implicaciones de la infertilidad en la salud, así como los desafíos y oportunidades futuras en este campo. La medicina genómica está siendo una auténtica revolución, no solo por los resultados que nos da a la hora de conocer el estado de nuestro organismo, sino también por las relaciones que establece. Veamos juntos algunas de estas.

LA CONEXIÓN ENTRE LA INFERTILIDAD Y DIVERSOS TRASTORNOS

La infertilidad afecta a aproximadamente al 15-20 % de las parejas en edad reproductiva a nivel mundial y se define como la incapacidad de concebir después de 12 meses de relaciones sexuales regulares sin protección. Aunque históricamente se ha considerado un problema independiente, la investigación actual sugiere que la infertilidad puede ser un marcador de problemas de salud más amplios, incluidos los trastornos metabólicos, endocrinos y cardiovasculares. Este reconocimiento ha llevado a un cambio de paradigma en la forma en que se aborda la infertilidad en la medicina moderna.

La conexión entre la infertilidad y las enfermedades no transmisibles es cada vez más evidente. Estudios recientes han demostrado que las personas con infertilidad tienen un mayor riesgo de desarrollar enfermedades cardiovasculares, diabetes tipo 2 y ciertos tipos de cáncer entre otras patologías. Aquí me gustaría señalar algunos hallazgos en varios sentidos y centrados en las mujeres.

- **Correlaciones epidemiológicas**: los estudios epidemiológicos han identificado que las mujeres infértiles tienen un mayor riesgo de enfermedades cardiovasculares y de diabetes tipo 2. Este vínculo puede deberse a factores que son comunes en ambas condiciones, como la resistencia a la insulina y el perfil lipídico adverso, que evalúa varios componentes en sangre como los niveles de colesterol y los triglicéridos.

- **Factores genéticos comunes**: la medicina genómica ha revelado que, por ejemplo, las variantes genéticas que afectan a la reparación del ADN pueden influir tanto en la salud de los folículos ováricos —esos pequeños sacos de líquido ubicados en el interior de los ovarios, que albergan un óvulo inmaduro(ovocito) y cuyo número determina la reserva ovárica de la mujer— como en la predisposición al cáncer. De nuevo, este descubrimiento subraya la importancia de entender la infertilidad no solo como un problema reproductivo, sino también como una ventana a la salud general.

EL METABOLISMO COMO INDICADOR DE BUENA (O MALA) SALUD

Llegados a este punto, me gustaría hablarte sobre algunas investigaciones emergentes que han estudiado la relación entre la infertilidad o el envejecimiento y la salud metabólica. Es importante subrayar que nuestra salud metabólica incluye todas las reacciones químicas que genera nuestro organismo para convertir los alimentos que consumimos en energía y para regular funciones como la digestión, la respiración, la circulación y el control de la temperatura. De hecho, cuando tenemos una buena salud metabólica nuestros niveles de glucosa en sangre están dentro de la normalidad, así como el colesterol, los triglicéridos, la presión arterial y el peso.

En los últimos años, la ciencia ha revelado conexiones importantes entre el sistema reproductivo y el metabolismo. Una de ellas es el síndrome del ovario poliquístico (SOP), una causa común de infertilidad en las mujeres que está asociada con una serie de trastornos metabólicos, incluyendo resistencia a la insulina, obesidad y dislipidemia —una alteración en los niveles de lípidos en la sangre—. Este síndrome es una de las afecciones endocrinas más comunes en mujeres en edad reproductiva, y afecta a entre un 5-10 % de las mujeres en todo el mundo.

La resistencia a la insulina es una característica central del síndrome del ovario poliquístico y contribuye a la disfunción ovárica al afectar a la producción de hormonas sexuales. Además, la resistencia a la insulina está asociada, a su vez, con un mayor riesgo de diabetes tipo 2, enfermedades cardiovasculares y síndrome metabólico, lo que subraya la necesidad de un enfoque integral en el manejo de esta afección. Pero esta conexión, además, implica otros problemas, sobre todo cuando las mujeres que la sufren desean quedarse embarazadas. La disfunción metabólica también afecta a la calidad de los ovocitos y a la capacidad del **endometrio** —el revestimiento interno del útero— para permitir la implantación de un embrión, reduciendo las probabilidades de concepción y aumentando el riesgo de complicaciones en el embarazo. De hecho, este síndrome, que provoca ciclos menstruales irregulares y múltiples quistes en los ovarios, es una de las causas más comunes de infertilidad en mujeres jóvenes en

España. En la actualidad, existen numerosos tratamientos para este síndrome, que a menudo consisten en la combinación de intervenciones metabólicas y reproductivas, como la pérdida de peso, la metformina —medicamento para tratar la diabetes tipo 2— y la fertilización *in vitro* (FIV) personalizada, de la que te hablaré más adelante siendo portador, también, de buenas noticias.

CUANDO EL ENVEJECIMIENTO REPRODUCTIVO NOS DICE ALGO MÁS

Las mujeres nacen con todos los óvulos que tendrán a lo largo de su vida, aunque a medida que envejecen, tanto la cantidad como la calidad de los ovocitos disminuye, lo que conocemos como envejecimiento reproductivo. Este proceso natural, que también está influenciado por factores genéticos y metabólicos, puede llevar a la infertilidad y aumentar el riesgo de enfermedades metabólicas. La menopausia, que supone el cese natural de la función ovárica, está asociada con cambios en el metabolismo, incluyendo un aumento en la grasa abdominal, resistencia a la insulina y un mayor riesgo de enfermedades cardiovasculares. Estos cambios son impulsados en parte por la disminución de los niveles de estrógenos, que desempeñan un papel protector en el metabolismo.

La medicina genómica ofrece nuevas oportunidades para abordar los desafíos del envejecimiento reproductivo. Por ejemplo, la identificación de variantes genéticas asociadas con la longevidad ovárica puede permitir el desarrollo de intervenciones que retrasen la menopausia y reduzcan el riesgo de enfermedades metabólicas.

Saber conectar todos estos elementos y ver que la infertilidad puede llevarnos sobre la pista de problemas más amplios nos ayuda a la detección temprana de otras dolencias. Identificar la infertilidad y sus posibles causas subyacentes sirve como un sistema de alerta precoz para complicaciones mayores, ya que muchas de estas complicaciones actúan en nuestro organismo de forma silenciosa o se diagnostican demasiado tarde.

Así, si regresamos al caso de las mujeres diagnosticadas con el síndrome del ovario poliquístico, podrían beneficiarse de una evaluación temprana y una intervención para reducir el riesgo de enfermedades cardiovasculares y metabólicas. Además, nos ayuda a desarrollar la medicina preventiva. Y es que si en algo insistimos los médicos es en la importancia de la prevención. Comprender las interconexiones entre la infertilidad y otras condiciones médicas nos permite adoptar un enfoque más holístico en la atención del paciente. Esto puede incluir el uso de pruebas genómicas para identificar riesgos para la salud y personalizar los cambios en el estilo de vida y los medicamentos.

Como has podido comprobar, redefinir la fertilidad tienen muchísimas implicaciones. Yo siempre digo que los árboles, a veces, no nos dejan ver el bosque. Saber relacionar indicadores de salud y adoptar una mirada amplia en medicina nos abre un mundo de posibilidades. En el siguiente capítulo, seguiré hablando sobre la fertilidad y los estrógenos, aunque dejando caer algunas verdades incómodas sin olvidarme de lo más importante: aportar una posible solución. Porque, a fin de cuentas, es lo que todos estamos buscando.

IDEAS CLAVE

- Cada vez hay más estudios que demuestran cómo la deficiencia de estrógenos puede afectar a la salud femenina, contribuyendo a un mayor riesgo de enfermedades no transmisibles y, en última instancia, a la mortalidad.
- Algunas áreas emergentes de investigación han relacionado la infertilidad y el envejecimiento reproductivo con la salud metabólica, aquella que regula nuestros niveles de glucosa en sangre, el colesterol, los triglicéridos, la presión arterial y el peso.
- Estudios recientes han demostrado que las personas con infertilidad tienen un mayor riesgo de desarrollar enfermedades cardiovasculares, diabetes tipo 2 y ciertos tipos de cáncer entre otras patologías.

- La comunidad médica, a través del estudio del genoma, está explorando cada vez más cómo los factores genéticos contribuyen a la infertilidad y cómo estas condiciones pueden ser un reflejo de problemas de salud más amplios.

CAPÍTULO 3

Por qué las mujeres envejecen a doble velocidad

Cuando lo digo, hay quien se lleva las manos a la cabeza. Al principio pensaba que podía ser porque causaba sorpresa, pero cuando quien lo escucha es una mujer, la sensación es diferente. Porque de la incomodidad se pasa a la preocupación. Así que voy a tratar de explicar bien a qué me refiero cuando digo que las mujeres envejecen a doble velocidad.

La salud de la mujer está profundamente influenciada por factores hormonales que varían a lo largo de su vida. Y, entre ellos, los estrógenos juegan un papel central no solo en la regulación de la reproducción, sino también en la protección contra diversas enfermedades crónicas relacionadas con el envejecimiento, como ya te adelanté en el capítulo anterior. A medida que las mujeres suman años, los cambios hormonales asociados con el envejecimiento ovárico y la transición a la menopausia tienen implicaciones significativas para su salud general.

Con la llegada de la menopausia, marcada por una drástica disminución en la producción de estrógenos, se dan una serie de cambios en la salud que pueden afectar a la calidad de vida y la longevidad femenina. Y es que la menopausia marca el fin de la vida reproductiva de la mujer, pero es mucho más que eso. El envejecimiento es un factor dependiente de la fertilidad, pero no de la fertilidad únicamente entendida como la posibilidad de tener hijos, sino como el eje de la salud de las mujeres.

En realidad, esta nueva fase en la vida de las mujeres es un proceso no siempre bien comprendido y estudiado, cuyas implicaciones van más allá de los síntomas típicos como los sofocos y la sequedad vaginal. Síntomas que, por el hecho de ser los más frecuentes, no dejan de ser incómodos y limitantes. Sin ánimo de alarmar pero sí de alertar, el desconocimiento sobre los estrógenos y su papel en la salud femenina es preocupante. Mucho. Y más si hablamos de profesionales de la salud.

Voy a ir un poco más lejos.

La menopausia se interpreta erróneamente como un proceso natural que no necesita tratamiento. ¿Por qué? En parte porque los hombres no la experimentan. Resulta sorprendente, pero es una de las consecuencias de que las mujeres sean todavía consideradas, al menos en este ámbito, como la costilla de Adán. Sí, la falta de comprensión sobre la importancia de los estrógenos en la salud de la mujer refleja una profunda discriminación.

Envejecer, al igual que la menopausia, también es un proceso natural. Sin embargo, hacemos todo lo posible para envejecer de modo saludable y mejorar nuestra esperanza y calidad de vida: queremos vivir bien y sentirnos de la mejor manera posible. ¿No es así? Entonces, ¿por qué no tratamos la menopausia con la misma seriedad? Mientras que el envejecimiento general se trata con acierto, abordando problemas como el colesterol alto o las enfermedades cardíacas, la menopausia a menudo se considera simplemente una fase natural que no requiere intervención médica. Esta visión es incorrecta y perjudicial para las mujeres y su salud. Tal vez pienses: pero ¿no viven las mujeres más tiempo? Es cierto, la esperanza de vida femenina es mayor que la masculina. Ahora bien, se habla de vivir como un concepto de durabilidad, no como un concepto de salud. ¿Qué ventaja tiene vivir más si vives peor? Como le digo a mis pacientes: «¿Tú, qué quieres: durar o vivir?». Puedo imaginarme tu respuesta.

> Las mujeres envejecen al mismo ritmo que los hombres cuando producen estrógenos a un ritmo normal, pero cuando la principal hormona sexual deja de producirse, el envejecimiento de las mujeres ocurre al doble de velocidad.

La edad media del inicio de la menopausia en España se sitúa alrededor de los cincuenta y un años, mientras que la esperanza de vida de la mujer en nuestro país es de ochenta y cinco años, según los últimos datos ofrecidos por el Ministerio de Sanidad. Esto significa que una mujer española vivirá más de un tercio de su vida con menopausia. Más de la mitad de la población va a pasar por un momento de cambio profundo que, si no se atiende adecuadamente, puede traer consigo problemas de salud, estrés emocional, dificultades en el trabajo y en las relaciones sociales y personales. Esta es la situación a la que se enfrentan millones de mujeres que van a experimentar o que ya están experimentando la menopausia. Si es tu caso, no hay que darse por vencida ni pensar que todo lo que puedas estar viviendo ahora o vayas a vivir sea tan natural e inevitable.

Me dirás: «Sigo una dieta saludable, utilizo cremas para la sequedad, tomo suplementos vitamínicos, hago ejercicios de fuerza…». Todo esto está muy bien, por descontado, y muchas de ellas las recomiendo en estas páginas, pero considero que hay que ir a la raíz del problema. ¿Cuál es? La falta de estrógenos. En ese sentido, cada vez hay más evidencia científica de que la deficiencia de esta hormona sexual contribuye significativamente a la morbilidad —que mide el número de personas que enferman en una población y período determinados— y la mortalidad en las mujeres, y que la terapia hormonal sustitutiva con estradiol 17-beta mejora las tasas generales de mortalidad.

Como ya mencioné en el apartado anterior, el aumento en la esperanza de vida ha provocado que las enfermedades crónicas relacionadas con el envejecimiento se hayan convertido en una de las principales causas de fallecimiento. Y es aquí precisamente donde la terapia hormonal sustitutiva juega un papel esencial.

Tal vez esta sea una de las afirmaciones más importantes que leerás en este libro: la falta de estrógenos puede contribuir a una serie de problemas de salud que afectarán significativamente a la calidad de vida y la longevidad femenina. Sin ellos, la salud de las mujeres es más vulnerable.

Llegados a este punto, te contaré qué dice la ciencia y numerosas investigaciones sobre el impacto de la menopausia en las mujeres y qué podemos hacer para tratar de solventar sus principales problemas de salud. Como puedes imaginar, los estrógenos tienen un papel clave. ¿En qué ámbitos? Esencialmente en cinco: cerebro, músculos, huesos, piel y corazón.

Vamos a descubrirlos.

SALUD COGNITIVA: CÓMO PROTEGER EL CEREBRO

En los últimos años, la ciencia ha prestado mayor atención al impacto de la menopausia en la salud cognitiva, revelando que los estrógenos inciden en el mantenimiento de la función cerebral y la protección contra el deterioro cognitivo. Estos influyen en la plasticidad sináptica, la neurogénesis y la supervivencia neuronal. ¿Qué son? Te lo explico a continuación.

- La **plasticidad sináptica** es la capacidad que tienen las conexiones entre las neuronas, llamadas sinapsis, de fortalecerse o debilitarse con el tiempo en respuesta a la actividad neuronal. En términos sencillos, es la forma en la que el cerebro se adapta y aprende. Cada vez que adquirimos una nueva habilidad, recordamos algo o cambiamos nuestra forma de pensar, nuestras sinapsis están ajustando su fuerza. Este proceso es básico para la memoria y el aprendizaje. La plasticidad sináptica puede compararse con un músculo: cuanto más usamos ciertas conexiones neuronales, más fuertes se vuelven.

- La **neurogénesis** es el proceso mediante el cual nuestro cerebro produce nuevas neuronas. Durante mucho tiempo se pensó que los seres humanos dejaban de producir neuronas después del nacimiento, pero investigaciones más recientes han demostrado que, en algunas partes del cerebro, como el hipocampo —una región clave para la memoria—, seguimos generando nuevas neuronas a lo largo de la vida. La neurogénesis juega un papel esencial en la capacidad del cerebro para adaptarse a nuevas experiencias, aprender y recuperarse de lesiones.

- La **supervivencia neuronal** se refiere al proceso por el cual las neuronas permanecen vivas y funcionales a lo largo del tiempo. Nacemos con la mayor parte de nuestras neuronas, pero no todas sobreviven a lo largo de nuestra vida. Factores como el estrés, la falta de nutrientes o las lesiones cerebrales pueden hacer que algunas neuronas mueran. La supervivencia neuronal es clave para mantener las funciones cognitivas y motoras del cerebro, y está influenciada por la neurogénesis, la plasticidad sináptica y otros mecanismos que protegen las células cerebrales.

Estos tres conceptos se refieren a la capacidad del cerebro para adaptarse, generar nuevas células y asegurar que las neuronas existentes se mantengan sanas, lo que es fundamental para la memoria, el aprendizaje y la capacidad de adaptación del sistema nervioso. Además, es necesario señalar que las mujeres suelen tener un rendimiento superior en tareas de memoria verbal en comparación con los hombres —esta es una ventaja, para qué engañarnos—, y todos estos beneficios cognitivos están, en gran medida, mediados por los estrógenos.

LOS ESTRÓGENOS TAMBIÉN INFLUYEN EN LA MEMORIA Y EN CÓMO PENSAR EL FUTURO

En ese contexto, los estrógenos influyen en la actividad de la llamada red neuronal por defecto —también conocida como *default mode network* (DMN) en inglés—. Este es un sistema de áreas interconectadas del cerebro que se activan cuando estamos en reposo mental, es decir, cuando no estamos realizando ninguna tarea específica que requiera atención consciente. Este concepto es clave en la neurociencia moderna y nos ayuda a entender cómo el cerebro sigue funcionando de manera activa, incluso cuando no estamos concentrados en el mundo exterior.

Esta red neuronal se activa cuando nuestra mente está divagando, soñando despiertos, pensando en el pasado o imaginando el futuro. También se asocia con procesos internos como la reflexión personal, el procesamiento de emociones, la memoria autobiográfica y la creatividad.

Así pues, se pone en marcha cuando recordamos y reflexionamos experiencias personales, imaginamos situaciones o planificamos eventos, tratamos de comprender las emociones y pensamientos de otras personas o meditamos sobre nuestras propias emociones, decisiones y comportamientos. En cambio, cuando nos enfocamos en una tarea que requiere atención, esta red se desactiva para dar paso a otras redes cerebrales encargadas de la tarea en cuestión.

Todo esto también tiene una contrapartida. La disminución de los niveles de estrógenos durante la menopausia se ha asociado con una reducción en la actividad de la red neuronal por defecto, lo que puede contribuir a los problemas cognitivos observados en mujeres posmenopáusicas.

La influencia de la menopausia en la cognición ha llevado a los científicos a explorar el uso de la terapia hormonal como una forma de mitigar estos efectos. Estudios funcionales, a través de imágenes cerebrales, han mostrado que las mujeres posmenopáusicas que reciben terapia hormonal presentan una mayor activación en regiones del cerebro relacionadas con la memoria y la cognición en comparación con aquellas que no la reciben. Esto sugiere un posible efecto neuroprotector de los estrógenos, lo cual es del todo positiva, pero, a su vez, pone de relieve el inconveniente de la falta de esta hormona femenina.

En cualquier caso, diferentes hallazgos científicos subrayan la importancia del momento en el que se inicia la terapia hormonal para maximizar sus beneficios neuroprotectores. En esa línea, diferentes estudios revelan que las mujeres que comenzaron la terapia hormonal con estrógenos poco después de la menopausia mostraron una menor acumulación de placas beta-amiloides en el cerebro, una proteína que es clave como marcador del alzhéimer. Todo esto nos lleva a algo más: la menopausia puede tener implicaciones a largo plazo para la salud cerebral.

LOS RIESGOS RELACIONADOS CON EL ALZHÉIMER Y OTRAS DEMENCIAS

Se ha descubierto que la disminución de los estrógenos también está relacionada con un aumento en el riesgo de enfermedades neurodegenerativas, como el alzhéimer y otras formas de demencia. Sabemos que la principal hormona sexual femenina puede proteger el cerebro contra la inflamación y el estrés oxidativo, dos factores que contribuyen a la degeneración progresiva de nuestras neuronas. Por tanto, si se reducen estos niveles hormonales, el cerebro femenino puede ser más susceptible a sufrir ciertos daños vinculados a este tipo de dolencias.

Sin embargo, determinados tratamientos resultan mucho más que prometedores. Un estudio de 2006 sugirió que las mujeres que reciben terapia hormonal tienen menor riesgo de desarrollar alzhéimer. Este revelador hallazgo ha sido respaldado por investigaciones más recientes. En 2022 se encontró que la terapia hormonal con estrógenos no solo reduce el riesgo de alzhéimer, sino que también mejora la función cognitiva en mujeres con un deterioro cognitivo leve.

Estos resultados subrayan la importancia de los estrógenos, que pueden proteger de forma preventiva y también como tratamiento. Pero tampoco se debe descuidar la importancia de llevar un estilo de vida saludable que, junto con intervenciones hormonales apropiadas, puede ayudar a reducir el riesgo de neurodegeneración en mujeres posmenopáusicas, especialmente para aquellas que ya han cumplido una década en este período vital.

No hay que empezar a cuidarse cuando ya es demasiado tarde. La actividad física regular, una dieta equilibrada rica en antioxidantes y ácidos grasos omega-3 —como los que encontramos en el aceite de oliva, el pescado azul, el aguacate y los frutos secos— y el mantenimiento de la estimulación mental y social son estrategias clave para mantener la salud cerebral a largo plazo.

Cuando hablo de **estimulación mental y social** me refiero a algo que debería estar al alcance de todos. Actividades como leer, aprender un idioma, hacer crucigramas, resolver acertijos o tocar un instrumento musical son ejemplos de estimulación mental, mientras que la participación en actividades sociales, desde conversar con los amigos, tener relaciones familiares saludables, practicar el voluntariado y acudir a eventos públicos proporciona la interacción necesaria para mantener el cerebro en un funcionamiento óptimo.

Estas prácticas no solo ayudan a mantener el cerebro activo y saludable en hombres y mujeres, sino que también pueden reducir el riesgo de desarrollar trastornos neurodegenerativos. De hecho, tener la mente ocupada en tareas cognitivas y participando en interacciones sociales enriquecedoras tiene un impacto positivo en el cerebro, promoviendo lo que se conoce como **reserva cognitiva**. Esta se define como la capacidad del cerebro para adaptarse y encontrar nuevas vías de funcionamiento, incluso en presencia de enfermedades como el alzhéimer o el envejecimiento natural. Todo suma. Está probado que las mujeres mayores que participan en actividades de estimulación mental y social muestran una menor tasa de deterioro cognitivo y una mayor resiliencia ante el estrés.

En resumen, mantener la mente y las relaciones activas a lo largo de la vida no solo mejora la calidad de vida, sino que es una estrategia efectiva para conservar la salud cerebral y mitigar el riesgo de deterioro cognitivo.

LOS RECEPTORES DE ESTRÓGENOS: LOS ALIADOS QUE SE ENCUENTRAN EN EL CEREBRO

Los receptores de estrógenos en el cerebro son proteínas ubicadas en las células cerebrales que responden a esta hormona. De hecho, actúan como una especie de interruptor que enciende o apaga las funciones celulares como la plasticidad neuronal, la función cognitiva y la memoria. Cuando los estrógenos se unen a sus receptores en el cerebro, inician una serie de respuestas biológicas que afectan directamente a la función de las neuronas. La activación de estos receptores, ya sea por la presencia natural de estrógenos o a través de terapias hormonales, puede mejorar procesos clave como la neurogénesis y la capacidad de recordar y aprender. Investigaciones recientes han explorado cómo la activación de diferentes subtipos de receptores de estrógenos puede influir en la salud cerebral. Los estudios sugieren que los estrógenos no solo afectan a la neurotransmisión, sino que también pueden tener efectos genómicos a largo plazo. Estos descubrimientos abren nuevas posibilidades para el desarrollo de terapias dirigidas que puedan mitigar el impacto del envejecimiento en la función cerebral de las mujeres.

EL SUEÑO: DESDE DIFICULTADES PARA CONCILIARLO A LOS DESPERTARES NOCTURNOS

Meterse en la cama después de un día agotador y no poder dormir o despertarse con frecuencia es una de las sensaciones más incómodas que podemos experimentar. Para todos, el descanso es fundamental. Pero son muchas las mujeres en menopausia que tienen insomnio o despertares en mitad de la noche cuando antes caían rendidas, dormían del tirón y al día siguiente se sentían descansadas y con energía para afrontar la jornada que tenían por delante.

Las alteraciones en los niveles hormonales, particularmente de estrógenos y progesterona, pueden influir negativamente en la calidad del sueño. La consecuencia de esto no es solo el cansancio, sino también un posible deterioro cognitivo. Los problemas de sueño durante la menopausia pueden relacionarse con cambios en la función del hipocampo, una región cerebral clave para la memoria. Además, la disminución de la calidad del sueño también se vincula con un mayor riesgo de desarrollar enfermedades neurodegenerativas.

Diversos estudios clínicos han demostrado que las terapias hormonales pueden mejorar la calidad del sueño en mujeres menopáusicas, lo que a su vez podría tener un efecto positivo en la memoria y la función cognitiva. Por ejemplo, la terapia hormonal transdérmica con estrógenos, que se administran a través de parches, geles o *sprays* aplicados sobre la piel puede reducir los despertares nocturnos. Sin embargo, hay que tener en cuenta que, según el conocimiento actual, la efectividad de estas terapias varía según factores individuales como la edad y el momento de inicio del tratamiento.

ESTRÓGENOS, SALUD MENTAL Y ESTADO DE ÁNIMO: LA INEVITABLE CONEXIÓN

La salud mental es un tema de creciente importancia en la sociedad actual. Afortunadamente, el tabú alrededor de los trastornos mentales se está superando poco a poco y cada vez más personas afectadas hablan abiertamente sin miedo a ser estigmatizados. Esa normalización también puede ayudar a muchas mujeres. Porque el envejecimiento no solo trae consigo cambios físicos, sino también alteraciones emocionales y psicológicas profundas. La menopausia marca una transición significativa en la vida de una mujer. Y es que, como ya hemos visto, los estrógenos son una hormona esencial para diversas funciones corporales, incluyendo la regulación del estado de ánimo y la salud mental. Así que, si estás pasando por esta etapa y te sientes mal y con la autoestima algo tocada, es comprensible. Aunque, de nuevo, que sea comprensible no significa que no debamos tratarlo.

Las mujeres pueden experimentar una variedad de síntomas emocionales y psicológicos durante la menopausia, como ansiedad, irritabilidad, pérdida de interés en actividades que antes disfrutaban y, en casos más severos, depresión clínica. Aquí sí me gustaría poner el foco en la depresión, una condición que afecta de manera desproporcionada a las mujeres en comparación con los hombres, y cuya disparidad se vuelve aún más evidente durante y después de la menopausia. Según datos aportados por el Ministerio de Sanidad, las mujeres sufren casi tres veces más trastornos depresivos que los hombres y el doble en el caso de la ansiedad.

¿De qué manera las hormonas sexuales femeninas por excelencia juegan un papel crucial en la regulación del estado de ánimo? Seguro que muchas veces has oído hablar de la hormona de la felicidad. Pues bien, los estrógenos influyen directamente en la serotonina, un neurotransmisor clave en la regulación de la felicidad y del bienestar general. La **serotonina** es responsable de transmitir señales entre las células nerviosas del cerebro, teniendo un impacto significativo en el estado de ánimo, el apetito, el sueño y otras funciones como la memoria y el aprendizaje. Cuando nuestro cuerpo la segrega, estamos en la gloria y nos sentimos emocionalmente estables, ya que genera sensaciones de relajación y aumenta nuestra autoestima.

Por tanto, es fácil pensar de qué manera puede arruinarse la fiesta. La disminución de los niveles de estrógenos durante la menopausia puede llevar a una reducción en la llamada actividad serotoninérgica, es decir, aquella que está relacionada con los procesos en el cerebro y el sistema nervioso controlados por la serotonina. Si hay una alteración en los niveles de serotonina, pueden aparecer trastornos como la depresión, la ansiedad o el insomnio. Por ejemplo, cuando la serotonina es baja, una persona puede sentirse más triste o irritable. Esto se debe a que no hay suficiente serotonina para regular adecuadamente el estado de ánimo. Por eso, muchos antidepresivos, como los inhibidores selectivos de la recaptación de serotonina (ISRS), funcionan aumentando los niveles de serotonina en el cerebro.

Entonces, ¿qué dice la ciencia a la hora de aportar soluciones?

Diversos estudios han encontrado una correlación significativa entre los niveles de estrógenos y la función serotoninérgica en mujeres mayores. De hecho, la disminución de los estrógenos puede desestabilizar el equilibrio químico del cerebro, contribuyendo a la aparición de trastornos del estado de ánimo. Además, las mujeres con un historial de depresión premenopáusica están en un riesgo elevado de experimentar una recurrencia o exacerbación de los síntomas depresivos. Numerosas investigaciones han demostrado una reducción significativa de los síntomas depresivos y ansiosos en mujeres que recibieron terapia hormonal con estrógenos, así como también una mejora de su calidad de vida. Estos hallazgos son decisivos, ya que destacan la influencia de los estrógenos en la salud mental, sugiriendo que la reposición hormonal podría ser una estrategia efectiva para prevenir o tratar la depresión. De nuevo, iríamos a la raíz del problema.

> Las alteraciones en el estado de ánimo están directamente relacionadas con las fluctuaciones hormonales que ocurren durante la menopausia. La disminución de los niveles de estrógenos puede desestabilizar los sistemas neurotransmisores en el cerebro, lo que contribuye a la aparición de síntomas depresivos.

ESTRÓGENOS SÍ, PERO EL TRATAMIENTO DEBE SER INTEGRAL

A pesar de todo lo expuesto hasta ahora, la depresión es una condición compleja que generalmente no puede ser tratada con una sola intervención. Por esta razón, un enfoque multimodal puede ser todavía más efectivo. Por ejemplo, la combinación de la terapia hormonal con técnicas de manejo del estrés es beneficiosa a la hora de afrontar la depresión en mujeres en menopausia. Estas técnicas, que pueden ir desde el control de la respiración al entrenamiento asertivo —una forma de terapia que se centra en la capacidad para expresar los sentimientos de modo seguro y así manejar mejor las dificultades—, ayudan a reducir el estrés y la ansiedad, incrementando el bienestar general y complementando los efectos de la terapia hormonal. Además, en 2024 se han evaluado de manera positiva los efectos de un programa de intervención de estilo de vida que incluía ejercicio regular, meditación y una dieta equilibrada en mujeres posmenopáusicas con síntomas depresivos. Este enfoque holístico no solo aborda los síntomas hormonales, sino que también promueve la resiliencia emocional y una mejor adaptación a los cambios físicos y psicológicos que acompañan a la menopausia.

SALUD ÓSEA: CLAVES PARA PREVENIR Y TRATAR LA OSTEOPOROSIS

Muchas mujeres teméis que, con la edad, vuestros huesos puedan enfermar. Ciertamente, la salud ósea también debe cuidarse. La osteoporosis es una dolencia esquelética caracterizada por una disminución de la densidad mineral ósea (DMO) y un deterioro del tejido óseo, lo que incrementa el riesgo de fracturas. Durante la menopausia, la rápida disminución de estrógenos conduce a una aceleración en la pérdida ósea, lo cual aumenta las posibilidades de sufrir esta enfermedad. Pero iré más al detalle.

El esqueleto humano está en constante renovación, un proceso conocido como remodelación ósea, donde el hueso viejo es reemplazado por tejido nuevo. Este proceso está regulado por un delicado equilibrio entre la actividad de dos tipos de células óseas:

- **Los osteoclastos:** las células responsables de la resorción ósea, es decir, de descomponer el hueso viejo.

- **Los osteoblastos:** las células encargadas de la osteogénesis, mediante la cual se forma el nuevo tejido óseo.

Los estrógenos juegan un papel crucial en este equilibrio. Durante la juventud y la vida reproductiva, los niveles adecuados de esta hormona aseguran que el proceso de remodelación ósea se mantenga en equilibrio, es decir, que la cantidad de hueso que se forma sea aproximadamente igual a la cantidad que se reabsorbe. ¿Cómo lo hace? Cuando los niveles de estrógeno son adecuados, esta hormona envía señales para que los osteoclastos disminuyan su acción, reduciendo la cantidad de hueso destruido. Esto es fundamental para mantener la densidad ósea y prevenir el adelgazamiento del hueso. Además de reducir la resorción, el estrógeno estimula la actividad de los osteoblastos, ayudando a crear nuevo hueso.

La disminución de los niveles de estrógeno durante la menopausia, por tanto, resulta en un desequilibrio en la remodelación ósea, favoreciendo la pérdida de masa ósea y aumentando la susceptibilidad a fracturas. Este riesgo es mayor en los primeros años posmenopáusicos, cuando la pérdida de masa ósea puede ser más pronunciada. La prevención y el tratamiento de la osteoporosis son, por lo tanto, esenciales para reducir el riesgo de fracturas en mujeres.

Y es que las fracturas osteoporóticas, particularmente las de cadera, pueden tener consecuencias devastadoras, incluyendo discapacidad, pérdida de independencia y aumento de la mortalidad. La relación entre la menopausia y la pérdida de masa ósea está bien documentada. Durante los primeros cinco y diez años después de la menopausia, las mujeres pueden perder hasta un 20 % de su masa ósea. La prevención y el tratamiento de la osteoporosis son componentes fundamentales de la atención médica para las mujeres posmenopáusicas. Pero también en edades más tempranas.

UNA DOLENCIA CON CONSECUENCIAS DEVASTADORAS... INCLUSO EN MUJERES MÁS JÓVENES

La menopausia generalmente ocurre entre los cuarenta y cinco y cincuenta y cinco años de edad, pero también puede presentarse antes de los cuarenta. Cuando eso sucede, la menopausia se clasifica como insuficiencia ovárica prematura (IOP). No es algo que se dé con demasiada frecuencia, pero puede suceder. Esta condición afecta a entre el 1-3 % de las mujeres y está asociada con un riesgo elevado de osteoporosis, enfermedades cardiovasculares y mortalidad prematura.

Estudios longitudinales —aquellos que investigan al mismo grupo de personas de manera repetida durante un período de años— han demostrado que las mujeres que experimentan la menopausia antes de los cuarenta años tienen un riesgo mayor de desarrollar osteoporosis y sufrir fracturas en comparación con aquellas que alcanzan la menopausia después de los cincuenta años. Un estudio que evaluó a 21 711 mujeres posmenopáusicas encontró que aquellas que habían sido diagnosticadas de menopausia precoz presentaban una densidad ósea más baja en comparación con las que llegaron a esa etapa a una edad más avanzada.

En cualquier caso, hay una serie de factores modificables, todos aquellos que están en nuestras manos, que pueden controlar esta situación. ¿Qué pueden hacer las mujeres menopáusicas para preservar la salud de sus huesos? Hay tres medidas que puedes poner en marcha.

1. **Seguir un tratamiento hormonal pautado.** La terapia hormonal sustitutiva con estrógenos transdérmicos y progesterona micronizada se considera el tratamiento de elección para mitigar los efectos de la menopausia en la salud ósea. Es más, la terapaia hormonal puede no solo frenar la pérdida ósea, sino también incrementar la densidad ósea.

2. **Hacer ejercicio físico de manera regular.** Caminar, correr o levantar pesas ayuda (y mucho) a mantener la densidad ósea. Estos ejercicios estimulan la actividad de los osteoblastos, favoreciendo la formación de nuevo tejido óseo y contrarrestando la resorción ósea.

3. **Adoptar una dieta rica en calcio y vitamina D.** Una dieta que asegure un adecuado aporte de calcio y vitamina D es decisiva para la salud ósea. La vitamina D mejora la absorción intestinal de calcio, lo que es vital para la mineralización ósea. La suplementación con vitamina D (800-1000 UI/día) y calcio puede ser necesaria en casos de deficiencia, aunque se debe tener cuidado con la suplementación excesiva de calcio debido a su posible asociación con un mayor riesgo cardiovascular.

CUANDO LA SALUD MUSCULAR TAMBIÉN SE RESIENTE

Aunque los efectos de la menopausia en la salud ósea son ampliamente conocidos, su impacto en la salud muscular, en particular en la pérdida de masa y fuerza muscular (sarcopenia), suele pasar más desapercibido. De la lista de síntomas de la menopausia, la pérdida de fuerza muscular no entraría en la enumeración que citarían muchas mujeres. En cambio, este problema merece una atención especial.

¿QUÉ ES LA SARCOPENIA Y POR QUÉ AFECTA MÁS A LAS MUJERES MAYORES?

La sarcopenia es la pérdida progresiva de masa y función muscular que ocurre con la edad, afectando tanto a hombres como a mujeres. Sin embargo, las mujeres son particularmente vulnerables a esta condición ante la disminución de los niveles de estrógenos, los cuales también juegan un papel fundamental en la regulación del metabolismo muscular. Como era de esperar, estas hormonas vuelven a llevarse todo el protagonismo.

Los estrógenos tienen múltiples efectos en el músculo esquelético, incluyendo la promoción de la síntesis de proteínas, la regulación de la función mitocondrial —las mitocondrias son como las centrales térmicas de las células, ya que se encargan de generar la mayor parte de la energía química— y la modulación de la expresión de genes involucrados en el crecimiento y la reparación muscular. Resulta sencillo de entender entonces cómo la disminución de los niveles de esta hormona, durante la menopausia, puede hacer que estos procesos se vean comprometidos, lo que resulta en una mayor susceptibilidad a la sarcopenia.

¿Qué más hacen los estrógenos? Influir en la actividad de las células satélite, las cuales son determinantes para la regeneración muscular, es decir, cuesta más recuperarse después de una lesión. Pero las consecuencias sobre los músculos pueden ir mucho más lejos.

MAYOR RIESGO DE CAÍDAS, FRACTURAS Y ENFERMEDADES METABÓLICAS

La sarcopenia no solo menoscaba la fuerza y la masa muscular, sino que también perjudica muchísimo a la calidad de vida de las afectadas. De nuevo, el efecto dominó: si perdemos masa muscular, nuestra movilidad se resiente, disminuyendo y provocando a su vez un mayor riesgo de caídas y fracturas. Además, la sarcopenia está asociada con un aumento del riesgo de enfermedades metabólicas como la diabetes tipo 2 y la obesidad. ¿Por qué existe esta relación? Porque los músculos también trabajan para regular el metabolismo de la glucosa y la grasa. Y, otra vez, se dan más consecuencias encadenadas: las mujeres que tienen sarcopenia también pueden enfrentarse a problemas psicológicos, como la disminución de la autoestima y la calidad de vida debido a la pérdida de su capacidad física y autonomía. Sin embargo, aunque la sarcopenia presenta diferentes problemas, hay una serie de estrategias que pueden ayudar a las mujeres a preservar su salud muscular.

Si es tu caso, hay cinco cosas que puedes hacer para lograrlo:

1. Seguir un tratamiento adecuado. La terapia hormonal sustitutiva con estrógenos puede ayudar a mitigar la pérdida de masa y fuerza muscular. Los resultados de la terapia variarán dependiendo de factores como la edad de inicio o la duración del tratamiento, pero será una gran aliada durante la menopausia.

2. Practicar ejercicios de resistencia. El ejercicio, particularmente el entrenamiento de resistencia, es otro elemento importante para combatir la sarcopenia. Este tipo de ejercicio estimula la síntesis de proteínas

musculares y mejora la función mitocondrial, ayudando a mantener y aumentar la masa muscular. Además, el ejercicio regular mejora la sensibilidad a la insulina y reduce el riesgo de enfermedades metabólicas.

3. Optar por una dieta rica en proteínas. El músculo quiere proteínas. A medida que envejecemos, la síntesis de proteínas en el músculo se vuelve menos eficiente, lo que hace que la ingesta adecuada de proteínas sea aún más importante. Incluir fuentes de proteínas de alta calidad en la dieta, como carnes magras, pescado, huevos y productos lácteos, puede ayudar a preservar la masa muscular. Además, el consumo de vitamina D y calcio es esencial para la salud ósea y muscular.

4. Tomar suplementos. En algunos casos, la suplementación con aminoácidos esenciales, creatina o vitamina D, puede ser beneficiosa para mejorar la síntesis de proteínas musculares y la función física en mujeres mayores. Es recomendable que la suplementación sea supervisada por un profesional de la salud para garantizar su seguridad y efectividad.

5. Acudir a las revisiones médicas. La salud no hay que descuidarla nunca, ni siquiera si nos sentimos bien. Es importante que las mujeres posmenopáusicas realicen chequeos médicos regulares para monitorizar su salud muscular y ósea. Estas revisiones hay que cumplirlas porque pueden ayudar a detectar la sarcopenia en etapas tempranas y permitir intervenciones oportunas.

CAMBIOS HORMONALES Y LA PIEL: POR QUÉ SE DISPARA EL ENVEJECIMIENTO CUTÁNEO

Son muchas las mujeres que lamentan tener una piel menos saludable y radiante con la llegada de la menopausia. Y es que a medida que los niveles de estrógenos disminuyen, pueden comenzar a notar cambios en la textura, la elasticidad y la densidad de su piel.

El envejecimiento cutáneo es un proceso complejo que puede dividirse en dos categorías principales: envejecimiento intrínseco y envejecimiento extrínseco. La primera se refiere a los cambios biológicos que ocurren de manera natural con el paso del tiempo, influenciados por factores genéticos y hormonales. Este tipo de envejecimiento es inevitable y empieza a manifestarse en la piel a través de la reducción de la producción de colágeno y elastina, dos proteínas clave que mantienen la firmeza y elasticidad de la piel.

Durante la menopausia, el envejecimiento intrínseco se acelera porque los estrógenos desempeñan un papel fundamental en la regulación de los fibroblastos dérmicos, células primordiales para la producción de colágeno y elastina. A medida que los niveles de esta hormona disminuyen, la capacidad de los fibroblastos para producir estos componentes estructurales también se reduce, lo que conduce al adelgazamiento de la piel, una mayor fragilidad y la aparición de arrugas más pronunciadas. En ese sentido, diferentes estudios han destacado la relación directa entre los niveles de estrógenos y la síntesis de colágeno.

Por su parte, el envejecimiento extrínseco es causado por factores ambientales, como la exposición a los rayos ultravioletas (UV), la contaminación y el estilo de vida. Estos factores aceleran el proceso al causar daño directo a las células cutáneas y promover la formación de radicales libres, moléculas que pueden dañar el ADN celular y acelerar la degradación del colágeno. Los antioxidantes tópicos pueden ser una herramienta eficaz para contrarrestar los efectos del envejecimiento extrínseco, al neutralizar los radicales libres y proteger la piel.

CÓMO REJUVENECER LA PIEL SIN FALSAS PROMESAS

La industria cosmética ha creado un imperio que factura millones de euros al año con base en los supuestos resultados milagrosos de sus productos. Sin embargo, tratar la piel durante la menopausia también requiere, como ya podrás imaginar, un enfoque integral.

- La **terapia hormonal sustitutiva** es una opción que puede ayudar a mitigar algunos de los efectos del envejecimiento cutáneo al mantener los niveles de estrógenos sanguíneos. Esto, a su vez, puede ayudar a preservar la producción de colágeno y la elasticidad de la piel, ralentizando la aparición de arrugas y flacidez.

- Los **productos tópicos** son una herramienta poderosa en la lucha contra el envejecimiento cutáneo. Los **retinoides** son conocidos por su capacidad para estimular la renovación celular y promover la producción de colágeno, lo que puede mejorar significativamente la textura de la piel y reducir las arrugas. Además, los **péptidos** y los **factores de crecimiento** pueden ayudar a fortalecer la barrera cutánea y fomentar la regeneración de los tejidos, ofreciendo beneficios adicionales en la mejora de la apariencia y salud de la piel.

- La protección contra los factores extrínsecos es vital para mantener una piel sana. El uso diario de **protector solar** de amplio espectro es indispensable para proteger la piel de los dañinos rayos UV, responsables de gran parte del envejecimiento visible. Los productos que contienen **antioxidantes** como la vitamina C y E, así como extractos derivados de plantas, pueden ayudar a neutralizar los radicales libres y prevenir el daño celular.

- Los **tratamientos dermatológicos** más avanzados, como el láser fraccionado y otras tecnologías basadas en la luz, han demostrado ser altamente efectivos para estimular la producción de colágeno y mejorar la textura de la dermis. Estas tecnologías pueden ayudar a reducir la aparición de manchas de la edad, minimizar las arrugas y mejorar la apariencia general de la piel envejecida.

- Un **estilo de vida saludable** es clave para mantener la salud de la piel a lo largo del tiempo. Una dieta equilibrada rica en antioxidantes naturales, como frutas y verduras, junto con una hidratación adecuada, puede mejorar significativamente la apariencia de la piel. El ejercicio regular también desempeña un papel importante, ya que mejora la circulación y ayuda a mantener la piel nutrida y oxigenada, lo que es esencial para la regeneración celular. Evitar el tabaquismo y limitar el consumo de alcohol también son medidas importantes para prevenir el envejecimiento prematuro de la piel.

- Una **rutina personalizada de cuidado de la piel** es clave durante la menopausia. Las necesidades de cada mujer son únicas, y una rutina de cuidado de la piel efectiva debe adaptarse a factores individuales como el tipo de piel, las preocupaciones específicas y el estilo de vida. Trabajar con un dermatólogo para desarrollar un plan personalizado que incluya los productos y tratamientos adecuados puede marcar una gran diferencia en la salud y apariencia de la piel a lo largo del tiempo.

ESTRÓGENOS Y SALUD CARDIOVASCULAR: LA FUERZA PROTECTORA DE LAS HORMONAS FEMENINAS

La salud cardiovascular es una preocupación global, especialmente en las mujeres que están pasando o han pasado por la menopausia. Como ya sabéis, este período no solo marca el fin de la vida reproductiva de la mujer, sino que también conlleva una serie de cambios fisiológicos que aumentan considerablemente el riesgo de desarrollar enfermedades cardiovasculares. En este contexto, los estrógenos han sido reconocidos por su papel protector sobre el corazón y los vasos sanguíneos.

Los estrógenos juegan un papel multifacético en el mantenimiento de la salud cardiovascular. Son fundamentales para preservar la flexibilidad y elasticidad de los vasos sanguíneos, lo que facilita una circulación sanguínea eficiente y previene la formación de placas arteriales, una de las principales causas de enfermedades como la aterosclerosis. Además, los estrógenos tienen propiedades antiinflamatorias, las cuales son clave para proteger las arterias del daño causado por procesos inflamatorios crónicos.

Durante la menopausia, la disminución de los niveles de estrógenos provoca un endurecimiento de las arterias y una mayor susceptibilidad a la acumulación de placas en las paredes arteriales, lo que puede conducir a eventos cardiovasculares graves como infartos o accidentes cerebrovasculares. Los estrógenos influyen positivamente en el endotelio, es decir, la fina capa de células que recubre el interior de los vasos sanguíneos (arterias, venas y capilares), promoviendo una mejor salud vascular.

Pero deja que te cuente algo. El endotelio es como el guardia de seguridad de los vasos sanguíneos, asegurándose de que la sangre fluya correctamente, los vasos se mantengan saludables y se adapten a las necesidades del cuerpo. Las células endoteliales no solo forman una barrera física entre la sangre y los tejidos, sino que también regulan diversas funciones importantes, como la circulación sanguínea, la coagulación y la respuesta inflamatoria. Una función básica del endotelio es la producción de óxido nítrico (NO), una molécula que ayuda a los vasos sanguíneos a relajarse y dilatarse. Este proceso permite que la sangre fluya con facilidad, disminuyendo la presión arterial y evitando que las arterias se contraigan excesivamente. También ayuda a prevenir la formación de coágulos que podrían bloquear el flujo de sangre. El endotelio es mucho más que una simple capa de células; es un actor clave en la salud del sistema circulatorio.

LA PRUEBA DE QUE LA SOLUCIÓN ESTÁ, OTRA VEZ, EN LOS ESTRÓGENOS

La terapia hormonal sustitutiva (THS) con estrógenos se ha utilizado y se sigue utilizando para aliviar los síntomas de la menopausia, como los sofocos y la osteoporosis, pero su impacto en la salud cardiovascular ha sido objeto de un creciente interés en la investigación médica. En particular, los estrógenos transdérmicos han mostrado ser una forma efectiva de administrar esta hormona con menos riesgos asociados que la vía oral.

Más allá de su influencia en los vasos sanguíneos, los estrógenos también afectan a la función del corazón de manera directa. Diferentes grupos de investigación han revelado que estas hormonas pueden modificar la estructura y función de las proteínas cardíacas, lo que tiene implicaciones importantes en la salud del músculo cardíaco, especialmente en mujeres posmenopáusicas. Estas, al perder la protección natural de los estrógenos, experimentan un aumento en la rigidez arterial y otros cambios adversos en la función cardiovascular, que pueden llevar a condiciones como la insuficiencia cardíaca.

A través de la tecnología avanzada de imágenes por resonancia magnética, se han evaluado los efectos de esta terapia en la función cardíaca de mujeres posmenopáusicas. Los resultados han sido reveladores: las mujeres que recibieron estrógenos transdérmicos mostraron mejoras significativas en la función diastólica, la fase del ciclo cardíaco donde el corazón se relaja y se llena de sangre, y una reducción en la hipertrofia ventricular izquierda, una condición que hace que el músculo cardíaco se engrose en respuesta a un incremento de la carga de trabajo.

Estos descubrimientos sugieren que los estrógenos no solo protegen los vasos sanguíneos, sino que también pueden tener un impacto positivo directo sobre la función del corazón, reduciendo el riesgo de desarrollar enfermedades cardíacas graves en mujeres posmenopáusicas. Por ejemplo, estudios realizados entre 2022 y 2024 han mostrado que la terapia hormonal sustitutiva con estrógenos transdérmicos es segura para el uso prolongado. Así, en 2023 se confirmó que las mujeres que utilizaron este fármaco a través de la piel a largo plazo no experimentaron un aumento en el riesgo de eventos tromboembólicos ni de cáncer de mama. Este es un hallazgo fundamental, ya que sugiere que la terapia hormonal transdérmica puede ser una opción viable para las mujeres que desean mitigar los riesgos cardiovasculares sin comprometer su salud.

Sin embargo, a pesar de los beneficios potenciales de la terapia hormonal, el uso de estrógenos ha estado rodeado de controversias debido a los riesgos asociados. La historia sobre esta terapia es, a su vez, un recorrido a través de la historia de la medicina aplicada a la salud de la mujer. En el capítulo siguiente lo recorreremos juntos.

IDEAS CLAVE

- La menopausia a menudo se considera simplemente una fase natural que no requiere intervención médica. Esta visión es incorrecta y perjudicial para las mujeres y su salud.

- Las mujeres envejecen a doble velocidad a causa de la drástica disminución en la producción de estrógenos que conlleva la llegada de la menopausia.
- La relación entre los estrógenos y la salud mental es compleja y multifacética. La disminución de los niveles de estrógenos durante la menopausia puede desencadenar una serie de efectos adversos en el estado de ánimo y la función cognitiva, aumentando el riesgo de depresión y enfermedades neurodegenerativas.
- Con un enfoque adecuado, es posible que las mujeres puedan mantener su bienestar mental y disfrutar de una vida plena y saludable durante muchos años después de la menopausia.
- La disminución de los niveles de estrógeno después de la menopausia está asociada con una pérdida acelerada de masa ósea. La terapia hormonal sustitutiva ha demostrado ser eficaz en la prevención de la osteoporosis y la reducción del riesgo de fracturas, especialmente de la cadera. Se ha comprobado también su efectividad para aliviar los sofocos, los sudores nocturnos y mejorar la calidad del sueño.
- Es posible envejecer manteniendo una piel saludable y fuerte. Consultar con un dermatólogo para desarrollar un plan de cuidado personalizado es un paso clave para enfrentar con éxito los desafíos del envejecimiento cutáneo y mantener una piel que refleje salud y vitalidad. Las medidas de protección son igualmente esenciales para cuidar nuestra piel a cualquier edad.
- En el contexto del envejecimiento, múltiples estudios han demostrado que las personas que se mantienen mental y socialmente activas tienen menos probabilida-

des de desarrollar enfermedades neurodegenerativas como la demencia y presentan una mejor salud cognitiva en general. La estimulación continua a través de desafíos mentales y relaciones sociales estables favorece una vida cognitiva más saludable y duradera.

CAPÍTULO 4

La terapia hormonal sustitutiva: de la controversia a un apoyo clave para la salud femenina

La terapia hormonal sustitutiva (THS) ha sido un tema central en los debates sobre medicina moderna durante las últimas décadas. Su uso ha sido ampliamente discutido, tanto por sus beneficios en el tratamiento de los síntomas de la menopausia como por sus posibles riesgos, especialmente en lo que respecta a enfermedades cardiovasculares y cáncer. Pero hoy en día hay mujeres que no quieren saber nada sobre este tratamiento debido a las suspicacias que todavía sigue despertando.

Esta terapia comenzó a ganar popularidad en la década de 1960, en gran parte impulsada por cambios sociales y culturales como el movimiento feminista, que, entre otras muchas cuestiones, abogaba por una mejor calidad de vida para las mujeres menopáusicas. En 1966, el libro

Feminine Forever de Robert Wilson promovió la idea de que la menopausia era una enfermedad causada por la deficiencia de hormonas, y que la terapia hormonal sustitutiva podría prevenir los síntomas desagradables de la menopausia y mantener la feminidad de la mujer. Wilson no fue muy afortunado al asegurar que esta etapa de la vida de las mujeres es una enfermedad o que su feminidad depende de los estrógenos, pero el tiempo parece haberle dado la razón a la hora de paliar algunos de sus síntomas.

Esta idea, combinada con la aprobación de productos con estrógenos por parte de la Administración de Alimentos y Medicamentos de los Estados Unidos (FDA, por sus siglas en inglés) para tratar los sofocos, hizo que la terapia hormonal sustitutiva se convirtiera rápidamente en un tratamiento popular. Durante las décadas de 1980 y 1990, varios estudios observacionales sugirieron que la terapia hormonal no solo aliviaba los síntomas de la menopausia, sino que también podría prevenir enfermedades crónicas como la osteoporosis y las enfermedades cardiovasculares. Esto llevó a un aumento en su uso, con un fuerte respaldo de la comunidad médica.

Pero llegó la controversia.

EL ESTUDIO DE LA WHI Y SU FUERTE IMPACTO MEDIÁTICO

El panorama cambió dramáticamente en 2002 con la publicación de los resultados iniciales del estudio de la Iniciativa de Salud de la Mujer (WHI, por sus siglas en inglés). Este fue uno de los estudios más grandes realizados sobre los efectos de la terapia hormonal sustitutiva, involucrando a más de 16.000 mujeres en Estados Unidos. Los resultados mostraron que la combinación de estrógeno y progesterona —otra hormona sexual encargada de regular el ciclo menstrual y la función reproductiva— estaba asociada con un mayor riesgo de cáncer de mama, enfermedad coronaria, accidente cerebrovascular y trombosis venosa profunda. Como es lógico, la noticia provocó una disminución drástica en la prescripción y el uso de la terapia en todo el mundo, que todavía hoy se mantiene.

La cobertura mediática de este estudio enfatizó los riesgos asociados con el tratamiento hormonal, sin distinguir adecuadamente entre los diferentes tipos de hormonas, las rutas de administración o las características de las pacientes, como la edad y el tiempo desde el inicio de la menopausia. Este enfoque generalizado generó pánico entre las mujeres que usaban la terapia hormonal y condujo a una reevaluación de las guías médicas en todo el mundo.

En los años posteriores a la publicación del estudio, se realizaron nuevos análisis de los datos, lo que llevó a una evaluación crítica de los riesgos y beneficios de optar por la terapia hormonal. Un aspecto clave que emergió fue **la ventana de oportunidad**, una teoría que sugiere que los beneficios cardiovasculares de la terapia podrían depender de la edad de la mujer y del tiempo transcurrido desde el comienzo de la menopausia al arrancar el tratamiento.

Diferentes estudios indicaron que las mujeres que iniciaban dicha terapia en los primeros años de la menopausia, particularmente antes de los sesenta años, tenían un riesgo reducido de enfermedades cardiovasculares y una mortalidad general más baja. Además, se observó que el tipo de progesterona utilizada en combinación con el estrógeno influía significativamente en el riesgo de cáncer de mama, y que algunas formulaciones hormonales podrían ser más seguras que otras, por lo que empezó a usarse la progesterona micronizada, que ha demostrado ser segura. De hecho, uno de los beneficios más reportados de la administración de hormonas es su capacidad para prevenir la osteoporosis y reducir el riesgo de fracturas, como vimos en el capítulo anterior.

> El estudio de la Iniciativa de Salud de la Mujer, publicado en 2002 y centrado en la terapia hormonal sustitutiva, causó una gran polémica al destacar riesgos como el cáncer de mama y los accidentes cerebrovasculares, sin distinguir entre los distintos tipos de hormonas o las características de las pacientes.

Después de la publicación del estudio y la consiguiente reducción en el uso de la terapia hormonal sustitutiva, algunas investigaciones sugirieron un aumento en las fracturas entre las mujeres que habían dejado de usar la terapia. Esto subraya la importancia de una evaluación cuidadosa y personalizada cuando se considera la interrupción del tratamiento, especialmente en mujeres con alto riesgo de osteoporosis.

Por último, me gustaría hacer hincapié en uno de los mayores miedos que tienen las mujeres a la hora de seguir un tratamiento con hormonas. El cáncer de mama es uno de los principales riesgos tradicionalmente asociados con el uso prolongado de la terapia hormonal, sobre todo cuando se utiliza una combinación de estrógeno y progesterona. Los análisis posteriores, incluyendo los de la propia Iniciativa de Salud de la Mujer, han demostrado que este tratamiento no produce un aumento en la incidencia de cáncer de mama entre sus usuarias, sino, incluso, una leve reducción de su incidencia. Diversos artículos publicados en los últimos años destacan que su uso adecuado reduce la mortalidad por todas las causas.

Pero ¿por qué solo una minoría de mujeres utiliza esta terapia en España? Para ser exactos, únicamente el 6-7 % de las mujeres españolas en menopausia opta por la terapia hormonal sustitutiva. ¿Cuál podría ser la razón principal de esta baja adherencia? En gran medida porque existe la percepción errónea de que esta fase vital es un evento natural que no requiere atención especial y que la falta de estrógenos no conlleva problemas graves. Las mujeres no deberían tener que resignarse y sufrir la menopausia, sino poder vivir esta etapa tan importante de su vida de manera plena y positiva. Porque sí, se puede experimentar una mejor calidad de vida en la menopausia.

¿CUÁL ES LA SITUACIÓN EN LA ACTUALIDAD? EL VALOR DEL ENFOQUE PERSONALIZADO

A pesar de las controversias, la terapia hormonal sustitutiva sigue siendo la opción más efectiva para tratar los síntomas menopáusicos. La Sociedad Norteamericana de Menopausia (NAMS, por sus siglas en inglés) y otras organizaciones internacionales la recomiendan como tratamiento de primera línea para las mujeres que sufren síntomas de la menopausia moderados y severos, siempre que no haya contraindicaciones médicas significativas.

Hoy en día, este tratamiento sigue siendo clave, ya no solo para el manejo de los síntomas de la menopausia, sino también para mejorar la salud de la mujer en esta etapa de su vida. Sin embargo, su uso debe ser adecuadamente individualizado. La elección de iniciar este tratamiento debe basarse en una evaluación cuidadosa de los riesgos y beneficios, considerando factores como la edad de la paciente, el tiempo transcurrido desde la menopausia, los síntomas específicos que presenta y sus riesgos individuales de enfermedades cardiovasculares y cáncer. Todo debe valorarse en su justa medida. En líneas generales, el consenso actual sugiere que la terapia hormonal sustitutiva puede ser una opción segura y efectiva para mujeres que comienzan el tratamiento cerca del inicio de la menopausia o por debajo de los sesenta años y que no tienen contraindicaciones significativas. En otros casos, todavía la evidencia es insuficiente para asegurar un beneficio claro del tratamiento.

La historia de la terapia de reemplazo hormonal es un ejemplo de cómo la medicina evoluciona con el tiempo, a medida que se dispone de nueva evidencia y se reevalúan las antiguas creencias. Las mujeres que están considerando la THS deben tener una conversación detallada con su médico sobre los posibles riesgos y beneficios adaptados a su situación personal. Si es tu caso, debes plantear todas tus inquietudes al respecto. En el primer capítulo hacía referencia a una cuestión que no es menor: el empoderamiento de las pacientes. No hay nada peor que salir de la consulta médica con dudas, sin toda la información posible, y con cierta desconfianza. La decisión de usar cualquier tratamiento, y especialmente la terapia hormonal sustitutiva, debe tener en cuenta no solo los síntomas y preocupaciones inmediatas, sino también los posibles efectos a largo plazo sobre la salud en caso de no usarla. Hay que sopesarlo todo.

El futuro de la terapia hormonal probablemente verá un enfoque aún más personalizado, con tratamientos adaptados no solo al perfil hormonal de cada mujer, sino también a sus riesgos genéticos y su estilo de vida. Mientras tanto, la educación continua y la comunicación clara entre pacientes y médicos seguirá siendo esencial para asegurar que las mujeres reciban el mejor cuidado posible durante la transición menopáusica.

Dado que los riesgos y beneficios de esta terapia pueden variar significativamente según las características individuales de cada mujer, la evaluación personalizada es imprescindible. Cuestiones como la edad de la mujer, el tiempo transcurrido desde el inicio de la menopausia, la presencia de comorbilidades —cuando dos o más trastornos o enfermedades ocurren en una persona—, y el historial familiar de cáncer deben ser cuidadosamente considerados antes de iniciar la terapia hormonal. Siempre hay que saber y analizar para tratar de la mejor manera posible.

Además, las investigaciones emergentes sobre el envejecimiento ovárico y las vías de longevidad podrían ofrecer nuevas perspectivas sobre cómo optimizar la terapia hormonal sustitutiva para maximizar sus beneficios y minimizar sus riesgos. Por ejemplo, se podrían diseñar modulaciones específicas para influir en las vías genéticas relacionadas con el envejecimiento, abriendo la puerta a tratamientos más efectivos y seguros. De nuevo, la medicina genómica tiene mucho que aportar.

Esta máxima es innegociable: cada mujer debe recibir la terapia más adecuada para sus necesidades específicas. A medida que la ciencia avanza y comprendemos mejor los mecanismos del envejecimiento ovárico y las vías de longevidad, es posible que la terapia hormonal evolucione para ser aún más personalizada y segura, mejorando la salud y la calidad de vida de las mujeres en la menopausia.

EL ENVEJECIMIENTO OVÁRICO Y LAS VÍAS DE LONGEVIDAD: UN ENFOQUE INNOVADOR

La ciencia ha señalado que las vías relacionadas con el crecimiento, el metabolismo y la progresión del ciclo celular también juegan un papel en el envejecimiento ovárico. De tal manera que ciertos genes prolongevidad disminuyen su expresión con la edad, mientras que los genes antilongevidad aumentan. Estos hallazgos sugieren que intervenciones genéticas podrían beneficiar a mujeres que experimentan un envejecimiento ovárico acelerado, y plantean la posibilidad de que la terapia hormonal sustitutiva podría influir en estos procesos.

SALUD FEMENINA A LOS 50+: NO TODAS LAS MUJERES SON IGUALES

El área de la salud femenina, especialmente para mujeres mayores de cincuenta años, representa una oportunidad significativa. Todas ellas enfrentarán o están enfrentando problemas de salud específicos asociados con la menopausia y el envejecimiento. Esta situación subraya la necesidad urgente de un enfoque más inclusivo y específico en la atención médica para este sector de la población.

En un mundo en el que la expectativa de vida sigue en aumento, la salud femenina, particularmente para mujeres mayores de cincuenta años, se ha convertido en un tema de vital importancia. Desde la menopausia hasta los problemas de salud relacionados con el envejecimiento, abordar estas necesidades de manera efectiva no solo es clave para el bienestar individual, sino también para el fortalecimiento de la sociedad en su conjunto.

A pesar del avance en la investigación y la medicina, muchas mujeres sienten que, a partir de la cincuentena, sus necesidades se pasan por alto en el sistema de salud actual. Lo sé porque, además, he tratado y sigo tratando a muchas de ellas. Este sentimiento de frustración —multiplicado por los cambios que están viviendo y la falta de comprensión de su entorno— las puede llevar a experimentar una menor calidad de vida y una mayor carga de enfermedades no tratadas o mal gestionadas. La sensibilización sobre los retos de la menopausia y el envejecimiento, así como la promoción de un enfoque preventivo, pueden ayudarlas a ellas y también a cerrar la brecha en la atención médica. Los profesionales de la salud debemos estar capacitados para reconocer y tratar las señales de forma eficiente, proporcionando un cuidado que sea empático y adaptado a las circunstancias individuales.

Además, con el aumento de la esperanza de vida, estas mujeres forman un segmento en crecimiento dentro de la población, y su bienestar influye en toda la sociedad. Muchas de ellas adoptan roles familiares que traen consigo una carga de trabajo considerable, por no decir que la presión social no resulta fácil: mantener la juventud sigue siendo un propósito idealizado —e inalcanzable— y el cuerpo femenino es blanco de innumerables críticas. Envejecer no resulta fácil, pero, ante todo, se debe envejecer cuidando de nuestra salud.

En ese sentido, en el mundo occidental, las oportunidades para mejorar la calidad de vida son vastas y variadas. Desde el desarrollo de nuevos medicamentos y tratamientos hasta la creación de programas de bienestar y prevención, hay un amplio campo para innovar. Además, el aumento de la conciencia y la demanda de servicios especializados en salud femenina está impulsando la creación de productos y servicios diseñados específicamente para esta etapa de la vida. Esto incluye desde suplementos nutricionales hasta tecnología corporal *(wearable)* para el monitoreo de la salud, pasando por servicios de *coaching* y bienestar que abordan tanto el cuerpo como la mente.

La salud femenina para las mujeres mayores de cincuenta años no es solo un tema médico, sino también una cuestión de equidad y bienestar social. Abordar de manera integral sus necesidades puede llevar a una mejora significativa de sus propias vidas, a la vez que promueve una sociedad más saludable y consciente. Lo defenderé siempre: el camino hacia un envejecimiento saludable comienza con un enfoque integral que incluya tanto la prevención como el tratamiento, apoyado por una educación continua de los especialistas médicos y un acceso adecuado a los servicios de salud. Nosotros tenemos mucho que aportar y que transmitir. Tanto los profesionales como las empresas del sector sanitario debemos comprometernos a luchar por este cambio liderado por las mujeres, ofreciéndoles soluciones innovadoras y efectivas. Este compromiso no solo mejorará la vida de millones de mujeres, sino que también fortalecerá la salud y el bienestar de las futuras generaciones.

IDEAS CLAVE

- El uso de estrógenos como terapia ha sido largamente debatido debido a los riesgos que podía conllevar. Sin embargo, investigaciones más recientes subrayan la seguridad y los beneficios de estas terapias.
- La Sociedad Norteamericana de Menopausia y otras organizaciones internacionales recomiendan la terapia hormonal sustitutiva como el tratamiento de primera línea para las mujeres que sufren síntomas moderados a severos de la menopausia, siempre que no haya contraindicaciones médicas significativas.
- La decisión de utilizar la terapia hormonal se debe tomar de manera individualizada, considerando los riesgos

y beneficios específicos para cada mujer. No es una solución universal, pero, gracias a ella, muchas mujeres pueden mejorar su calidad de vida.

- A medida que avanza la investigación científica es probable que surjan nuevas formas de maximizar los beneficios de los estrógenos mientras se minimizan los riesgos.

CAPÍTULO 5

La revolución del genoma femenino: el futuro de la medicina personalizada ya está aquí

En las últimas décadas, la medicina ha experimentado una transformación radical gracias a los avances en la disciplina genómica y el *big data*. ¿Recuerdas cuando, en el capítulo dos, al hablar de redefinir la fertilidad incidía en la importancia de los datos? Todos nosotros generamos datos de forma individual, a pequeña escala, y su conjunto da lugar al *big data*, del que te contaré muchas cosas más a lo largo de este capítulo. La capacidad de analizar vastas cantidades de datos genómicos ha abierto nuevas puertas para la personalización de los tratamientos médicos, adaptándolos a las características únicas de cada individuo.

Sin embargo, estos avances también han puesto de manifiesto la necesidad de un enfoque más inclusivo que tenga en cuenta las diferencias de género en la salud y la enfermedad. Para ello existe un proyecto innovador que busca integrar estas diferencias en la medicina personalizada: **el genoma femenino**, una iniciativa pionera que está destinada a cambiar la visión de la salud de la mujer y que tiene grandes implicaciones para el futuro. Te hablaré de ella, como también de la relevancia del *big data* y de otros datos sacados del mundo real en medicina.

ACERCÁNDONOS A UN NUEVO PARADIGMA A TRAVÉS DE LOS GENES

El genoma femenino tiene como objetivo analizar y mapear la variabilidad genética de las mujeres para entender mejor cómo las diferencias genéticas afectan a su salud en particular. A diferencia de otros estudios genómicos que se han centrado principalmente en la población general o en muestras con un predominio masculino, esta iniciativa pone el foco en las mujeres, reconociendo que su salud tiene características únicas que deben ser estudiadas en detalle. ¿Y de qué manera se hace? El genoma femenino se basa en la secuenciación del exoma completo de mujeres fértiles, sanas y fenotipadas, seleccionadas por su perfil óptimo de salud reproductiva y general. Dicho esto, es el momento de aclarar algunos conceptos.

La **secuenciación del exoma completo** es una técnica que se centra en estudiar al detalle las regiones codificantes del ADN de un organismo. Estas regiones, llamadas exones, son las partes del ADN que contienen las instrucciones para producir proteínas, que son esenciales para el funcionamiento de las células y el cuerpo en general. Este proceso es más económico y eficiente que la secuenciación del genoma completo, ya que se centra en la parte del ADN que tiene un mayor impacto directo en la salud y las funciones del organismo.

Dicho de otra forma: imagina que el ADN es un gran libro de instrucciones que le dice a nuestro cuerpo cómo funcionar. Algunas de las páginas de ese libro (los exones) contienen instrucciones importantísimas para que nuestro organismo fabrique las proteínas que necesitamos para vivir. La secuenciación del exoma completo es como leer solo esas páginas importantes con el objetivo de encontrar errores o variaciones que podrían explicar problemas de salud. Por ejemplo, muchas enfermedades genéticas están causadas por mutaciones en los exones. Al secuenciar todo el exoma, los científicos pueden detectar esas mutaciones y determinar si están relacionadas con una patología. Esto es muy útil para diagnosticar enfermedades genéticas raras o entender mejor por qué una persona puede tener un riesgo mayor de desarrollar ciertos problemas de salud. Por tanto, la secuenciación del exoma completo permite a los investigadores, por ejemplo, identificar variantes genéticas asociadas con la fertilidad, la función ovárica y otros aspectos fundamentales de la salud femenina.

Otro concepto que merece una explicación más clara es el **fenotipo**. Cuando en medicina hablamos de personas fenotipadas, nos referimos a la observación y al registro de sus características visibles o medibles, como su peso, estatura, color de piel, comportamiento y rasgos fisiológicos. Estas características son el resultado tanto de la información genética que heredamos como de la influencia del entorno en el que vivimos. Por ejemplo, dos personas pueden tener genes similares para la estatura (genotipo), pero si una de ellas ha crecido en un ambiente con mala nutrición y otra en un ambiente con una dieta equilibrada, sus fenotipos serán diferentes: una será más baja y la otra más alta, a pesar de compartir predisposiciones genéticas.

En términos simples, el fenotipo es lo que vemos y medimos de un organismo. Cuando decimos que una persona está fenotipada, significa que se han registrado sus características físicas o biológicas con fines de estudio o investigación. El concepto es muy utilizado en investigaciones científicas, sobre todo cuando se estudian relaciones entre la genética y las enfermedades. Por ejemplo, en estudios sobre enfermedades genéticas, los individuos que participan son fenotipados para observar cómo las variaciones genéticas se manifiestan en características observables, como la predisposición a desarrollar diabetes o la respuesta a ciertos medicamentos.

Pongamos el caso de unos científicos que están estudiando una enfermedad genética rara. Primero, secuencian el genoma de los participantes para ver qué genes pueden estar involucrados. Luego, los participantes son fenotipados, es decir, los médicos observan y miden cómo se manifiestan ciertos síntomas en esas personas. Al comparar el genotipo con el fenotipo, los científicos pueden encontrar patrones que les ayuden a entender mejor la enfermedad.

El fenotipo es el resultado de la interacción entre los genes y el ambiente, y su estudio es esencial para comprender mejor cómo funciona el cuerpo y cómo se manifiestan diversas condiciones de salud.

El objetivo final del proyecto del genoma femenino es crear un mapa detallado de la variabilidad genómica femenina que pueda utilizarse para desarrollar tratamientos personalizados que mejoren la salud de las mujeres en todas las etapas de la vida. Al identificar variantes genéticas específicas que influyen en la respuesta a los tratamientos de fertilidad, por ejemplo, los médicos pueden adaptar los protocolos de tratamiento para maximizar las probabilidades de éxito y minimizar los riesgos de complicaciones. Pero, como verás a continuación, se puede aplicar a diversos ámbitos.

UN ENFOQUE HOLÍSTICO DE LA SALUD DE LAS MUJERES

Una de las características distintivas del genoma femenino es su enfoque holístico de la salud de la mujer. A diferencia de los estudios tradicionales, que han tratado la fertilidad como un aspecto aislado, este proyecto la integra en un marco más amplio que considera la función ovárica como un indicador primordial de su salud de forma integral.

Los ovarios, además de ser fundamentales para la reproducción, desempeñan un papel crucial en la regulación hormonal, afectando a una amplia gama de funciones fisiológicas, desde el metabolismo hasta la salud ósea y cardiovascular. Como ya hemos visto en capítulos anteriores, los niveles adecuados de estrógenos, producidos por los ovarios, son protagonistas a la hora de proteger el cuerpo contra la osteoporosis, el deterioro cognitivo o las enfermedades cardíacas. Cuando la función ovárica disminuye, como en el caso de la insuficiencia ovárica prematura o menopausia precoz, el riesgo de desarrollar estas condiciones aumenta significativamente.

El genoma femenino reconoce que, en la mujer, la salud reproductiva y la salud sistémica —la que se refiere al bienestar y al funcionamiento adecuado de todo el cuerpo como un sistema interconectado— están intrínsecamente ligadas y que un enfoque integral es necesario para entender mejor cómo las variaciones genéticas influyen en la salud femenina. Al mapear la variabilidad genética de las mujeres, el proyecto proporciona una base para desarrollar tratamientos personalizados que no solo mejoren la fertilidad, sino que también aborden otros aspectos importantes de la salud femenina, como la prevención de diversas enfermedades, muchas de las cuales están ligadas también al envejecimiento.

Es hora de que os hable de las más representativas.

MÁS INNOVACIONES PARA TRATAR LA FERTILIDAD, EL EMBARAZO Y LA SALUD MENTAL

La secuenciación del genoma femenino también está siendo fundamental para el desarrollo de varias innovaciones en la medicina personalizada que están cambiando el abordaje y enfoque de la salud de la mujer. Una de las principales es la creación de perfiles genómicos personalizados para mejorar los tratamientos de fertilidad. Estos perfiles permiten a los médicos adaptar los tratamientos de fertilidad, como la estimulación ovárica controlada (COS), a las características genéticas individuales de cada paciente.

Por ejemplo, algunas mujeres tienen variantes genéticas que las predisponen a una baja respuesta a la estimulación ovárica, lo que significa que no producen suficientes óvulos en respuesta al tratamiento hormonal estándar. Al identificar estas variantes genéticas, los médicos pueden ajustar el protocolo de tratamiento para incrementar las dosis hormonales o utilizar combinaciones alternativas que mejoren la respuesta de la paciente y aumenten sus probabilidades de embarazo.

También podríamos destacar otros más relacionados con la reproducción:

- **Medicina personalizada en la fertilización *in vitro* (FIV).** Es una técnica comúnmente utilizada en la reproducción asistida que implica la fertilización del óvulo fuera del cuerpo. La medicina personalizada está revolucionando la fertilización *in vitro* al permitir la adaptación de los tratamientos a las características genéticas individuales de cada paciente.

- **Optimización de la estimulación ovárica.** Este proceso consiste en administrar medicamentos que contienen hormonas para estimular a los ovarios a seleccionar y desarrollar múltiples folículos con el objetivo de avanzar en un tratamiento de fertilidad. La medicina personalizada permite a los médicos ajustar los protocolos en función del perfil genético de la paciente. Esto puede incluir la dosificación precisa de hormonas para minimizar el riesgo de síndrome de hiperestimulación ovárica —que ocurre cuando los ovarios tienen una respuesta anormalmente elevada a la medicación, produciendo hinchazón y dolor abdominal— y mejorar la calidad de los óvulos.

- **Diagnóstico genético preimplantacional (PGD).** Es una herramienta que permite analizar los embriones antes de la implantación y así detectar anomalías genéticas. Al seleccionar embriones sin mutaciones genéticas, este estudio aumenta las probabilidades de un embarazo exitoso y reduce el riesgo de enfermedades genéticas en la descendencia.

Además de mejorar los tratamientos de fertilidad, el genoma femenino ha facilitado el desarrollo de modelos predictivos para prevenir complicaciones durante el embarazo. Así, el proyecto FORgenomics (Genómica fetal, obstétrica y reproductiva) utiliza datos genómicos para desarrollar modelos que puedan anticipar y predecir diferentes complicaciones durante el embarazo, como la preeclampsia —una patología caracterizada, principalmente, por una hipertensión arterial— y el crecimiento fetal intrauterino retardado. Estos modelos predictivos no solo ayudan a identificar a las mujeres en riesgo antes de que se desarrollen estas complicaciones, sino que también permiten a los médicos intervenir de manera proactiva, ofreciendo tratamientos personalizados que mejoren los resultados del embarazo y reduzcan el riesgo de complicaciones tanto para la madre como para el feto.

El impacto del genoma femenino en la investigación y la práctica clínica es amplio y profundo. Al proporcionar una base de datos rica en información genómica específica de las mujeres, este proyecto ha permitido a los investigadores explorar nuevas áreas de la medicina femenina y desarrollar intervenciones que abordan directamente sus necesidades únicas. Esto incluye, como ya hemos visto, no solo la fertilidad y la salud reproductiva, sino también áreas como la salud mental, la salud cardiovascular y el envejecimiento.

Por ejemplo, en el campo de la salud mental, la investigación genómica puede ayudar a identificar variantes genéticas que predisponen a las mujeres a trastornos como la depresión y la ansiedad, que son más comunes en las mujeres que en los hombres. Esta información puede utilizarse para desarrollar tratamientos más efectivos y personalizados, así como, al igual que en el caso de la fertilidad, para identificar a las mujeres en riesgo antes de que desarrollen estos trastornos, lo que permite intervenciones tempranas y preventivas.

Además, en la práctica clínica, el genoma femenino está ayudando a los médicos a elaborar planes de tratamiento más precisos y personalizados. Esto es especialmente importante en dolencias crónicas como la diabetes y las enfermedades cardiovasculares, en las que las mujeres pueden tener diferentes factores de riesgo y responder de manera diferente a los tratamientos en comparación con los hombres.

Todas estas innovaciones unidas a la medicina genómica también se pueden ver beneficiadas por la revolución digital y el auge del *big data*. Sin embargo, como verás a continuación, el uso del *big data* también tiene particularidades y desafíos propios.

BIG DATA Y GÉNERO: EL IMPACTO DE LA REVOLUCIÓN DIGITAL EN LA MEDICINA

El término *big data* se refiere a conjuntos de datos extremadamente grandes y complejos que requieren tecnologías avanzadas para su procesamiento y análisis. En medicina, el *big data* ha transformado la forma en que se recopila, almacena y utiliza la información de los pacientes, convirtiéndose en una herramienta esencial para el desarrollo de la medicina personalizada. Estas tecnologías permiten que los tratamientos se adapten a las características genéticas y fenotípicas individuales de cada persona, lo que maximiza la efectividad y minimiza los efectos secundarios.

El *big data* ha abierto nuevas posibilidades para optimizar procesos de atención, identificar correlaciones clínicas previamente desconocidas y apoyar la toma de decisiones médicas. Por ejemplo, la acumulación de grandes volúmenes de datos de pacientes ha permitido a los investigadores identificar biomarcadores genéticos que predicen cómo responderá un paciente a ciertos tratamientos, lo que posibilita una medicina de precisión. En oncología, esto ha llevado al desarrollo de terapias dirigidas que han mejorado significativamente las tasas de supervivencia para ciertos tipos de cáncer.

En cambio, el uso de *big data* en medicina también plantea desafíos críticos, especialmente en la representación precisa de la unicidad de cada paciente. Es decir, volvemos a toparnos de nuevo con las diferencias de género. Ya sabemos que, históricamente, la medicina ha operado bajo un modelo diagnóstico que a menudo no toma en cuenta las diferencias de género de manera adecuada. Este enfoque ha llevado a que las mujeres estén subrepresentadas en la investigación médica y clínica y, como corolario, que se les aplique una medicina y un tratamiento que podríamos llamar masculino, cuando la causa y la fisiopatología de su condición no lo son.

Por ello, una preocupación importante es la discriminación de género que puede ocurrir antes incluso de que se realicen los estudios médicos. Esto se manifiesta en la fase de selección y definición de ensayos clínicos, en los cuales las mujeres continúan estando subrepresentadas. Este tipo de discriminación no solo perpetúa las desigualdades de género existentes, sino que también afecta a la calidad de los datos recopilados y, por ende, a la eficacia de la medicina personalizada.

En la actualidad, debemos admitir que el uso de *big data* en la medicina sigue estando limitado por varios factores relacionados con el género. Primero, porque existe una falta de representación de las mujeres en muchos estudios clínicos y genómicos, lo que puede llevar a sesgos en los datos y en los algoritmos utilizados para desarrollar tratamientos personalizados. Y segundo, porque los datos que se recopilan a menudo no incluyen información sobre el género o no distinguen adecuadamente entre los diferentes géneros, lo que limita la capacidad de los investigadores para identificar patrones específicos de género en la salud y la enfermedad.

Además, los propios algoritmos de inteligencia artificial (IA) y aprendizaje automático, utilizados en la medicina personalizada, están limitados por la calidad y la diversidad de los datos con los que son entrenados. Si los datos están sesgados o no son representativos, los algoritmos pueden perpetuar o incluso amplificar los sesgos de género existentes. Esto subraya la importancia de desarrollar y validar algoritmos que sean sensibles al género y que incluyan una representación equitativa de las mujeres y su forma de enfermar. Si la primera ficha cae, el efecto dominó resulta inevitable.

Además, la falta de inclusión de las mujeres en los estudios clínicos y genómicos puede llevar a un ciclo de retroalimentación negativa: los tratamientos desarrollados a partir de estos datos no son tan efectivos para estos grupos, lo que a su vez perpetúa las desigualdades en la atención médica. Es como el pez que se muerde la cola.

LA NECESIDAD DE RECOPILAR INFORMACIÓN DE CALIDAD

El *big data* tiene un gran potencial en medicina al permitirnos analizar grandes volúmenes de datos de diferentes individuos tanto sanos como enfermos. Sin embargo, es esencial que estos diferencien entre el sexo de los sujetos. De esta manera, los investigadores pueden identificar patrones específicos de género en la incidencia de enfermedades, los factores de riesgo, las comorbilidades, los síntomas y las respuestas al tratamiento. Por ejemplo, un análisis de *big data* podría revelar que las mujeres son más propensas a experimentar ciertos efectos secundarios de un medicamento en comparación con los hombres, lo que podría llevar a ajustes en las dosis o a la selección de tratamientos alternativos. De manera similar, el análisis de *big data* podría identificar diferencias en la respuesta inmune entre hombres y mujeres, lo que podría ayudar en el desarrollo de vacunas y tratamientos más efectivos para diferentes géneros.

Además, esta herramienta no solo sería de gran ayuda en lo que se refiere a los tratamientos, sino que también favorecería el poder identificar disparidades en la atención médica basadas en el género. Por ejemplo, los datos podrían mostrar que las mujeres tienen menos probabilidades de recibir ciertos tratamientos o procedimientos en comparación con los hombres, lo que permitiría llevar a intervenciones específicas para abordar estas desigualdades y mejorar la equidad en la atención del paciente.

Te hablo en condicional porque para lograr todo esto los investigadores y las organizaciones de salud deben adoptar un enfoque más inclusivo en la recopilación y el análisis de datos, asegurando que todas las personas, con independencia de su género, estén adecuadamente representadas en la investigación médica. Uno de los principales retos es la recopilación y el almacenamiento de datos de alta calidad. A menudo, los datos de los pacientes no incluyen información detallada sobre las diferencias sexuales o no se recopilan de modo consistente, lo que limita la capacidad de los investigadores para analizarlas. Para abordar este desafío, es esencial desarrollar estándares para la recopilación de datos de género y asegurar, a su vez, que estos datos se incluyan de manera sistemática en los registros médicos y en los estudios clínicos.

La medicina personalizada y la medicina genómica desde la perspectiva del sexo y del género constituyen un paso inevitable hacia la verdadera atención centrada en el paciente, algo que requiere toda la sociedad.
Al incluir una representación equitativa de las mujeres en la investigación genómica, el proyecto permite a los investigadores desarrollar tratamientos que son más efectivos para ellas en particular y que tienen en cuenta las diferencias de género en la respuesta a los fármacos.
El genoma femenino y otros proyectos similares están ayudando a cerrar la brecha de género en la medicina personalizada al proporcionar datos genómicos ricos y diversos que reflejan mejor las diferencias sexuales en la salud.

LOS DATOS DEL MUNDO REAL Y LA MEDICINA GENÓMICA: LOS DATOS QUE CURAN

Como ya hemos visto, los datos están en el centro de un cambio imparable en la medicina moderna. El desarrollo de la medicina personalizada está impulsando una nueva era basada en datos: los datos que curan. La inteligencia artificial, el aprendizaje automático *(machine learning)* y las nuevas tecnologías de la información, como la historia clínica electrónica, se nutren de datos clínicos, genómicos, analíticos, radiológicos…, entre otros.

En este contexto, después de la gran explosión de la medicina genómica, estamos avanzando hacia el análisis de datos de base poblacional para estudiar nuestros problemas de salud y su distribución en la sociedad. No solo nos importa el genoma, sino también el fenoma, es decir, la expresión de nuestra salud en función de factores genéticos, ambientales y de estilo de vida. Estas herramientas son esenciales para comprender cómo evoluciona la salud de las mujeres y cómo envejecen. Siempre insisto en que las mujeres constituyen la mitad de la población, y enfrentar sus problemas de salud no es solo una cuestión de reconocimiento, sino una necesidad urgente.

Esta nueva revolución médica también puede nutrirse de otras fuentes como son los llamados **datos del mundo real** (RWD, por sus siglas en inglés), que incluyen información recopilada de registros electrónicos de salud, bases de datos de reclamaciones de seguros y otras fuentes observacionales. Estos datos nos permiten realizar una evaluación más precisa de cómo funcionan los tratamientos en poblaciones diversas y en condiciones de práctica clínica cotidiana. Algo que es especialmente relevante para la toma de decisiones en tiempo real y la personalización de tratamientos, dado que los ensayos clínicos suelen tener criterios de inclusión y exclusión estrictos que limitan la generalización de sus resultados.

Está demostrado que estos datos del mundo real pueden acelerar el desarrollo de medicamentos al proporcionar información relevante y oportuna sobre la seguridad y eficacia en entornos no controlados. Y no solo eso, sino que pueden complementar los datos de los ensayos clínicos al ofrecer una evidencia continua después de la aprobación del medicamento, lo cual favorece el monitoreo de seguridad y la evaluación de resultados de salud a largo plazo. Comparados con los ensayos clínicos, que son el estándar de oro en términos de control y rigor metodológico, los datos del mundo real presentan una imagen más completa y variada del impacto de los tratamientos en la vida diaria. Sin embargo, también plantean retos en cuanto a la calidad y la interpretación de los datos debido a su naturaleza menos controlada.

Además, al proporcionar información más diversa y representativa de la población en general, pueden ayudar a descubrir biomarcadores tempranos y otros indicadores que no se identifican en entornos controlados. Esto es particularmente importante para la salud de las mujeres, ya que, como hemos remarcado a lo largo del libro, pueden experimentar enfermedades y responder a los tratamientos de manera diferente a los hombres.

INVERTIR EN DATOS ESPECÍFICOS DE LA SALUD FEMENINA: UNA NECESIDAD URGENTE

La perspectiva actual ofrece una visión limitada, lo que, como hemos visto, tiene unas consecuencias significativas para la salud de las mujeres. Esta visión restrictiva no permite abordar adecuadamente problemas como la infertilidad, la endometriosis y ciertos tipos de cáncer, ni etapas específicas de la vida como el embarazo o la menopausia. Necesitamos cambiar este enfoque para abordar integralmente la salud de la mujer.

Para ello, es mucho más que necesario invertir en la recopilación y análisis de datos específicos de la salud de las mujeres. Esto supone ampliar los estudios clínicos para que incluyan una representación equitativa de mujeres y hombres, y desarrollar bases de datos que reflejen las experiencias de salud específicas de las mujeres a lo largo de su vida. No solo debemos centrarnos en el genoma, sino también en el fenoma para comprender plenamente la salud humana. Al integrar la información genómica con datos fenotípicos y contextuales, podremos avanzar hacia una medicina verdaderamente personalizada que atienda las necesidades específicas de cada individuo, especialmente de las mujeres. Esto no solo mejorará la atención médica, sino que también contribuirá a un sistema de salud más equitativo y efectivo para todos.

DESAFÍOS ÉTICOS SOBRE LA INFORMACIÓN GENÉTICA

La creciente capacidad para secuenciar y analizar el genoma humano plantea preguntas importantes sobre el uso de la información genética: ¿quién tiene derecho a acceder a esta información? ¿Cómo se deben manejar los resultados genéticos que indican un riesgo elevado de enfermedades graves pero no tratables? Estas son cuestiones éticas que la comunidad médica y científica debe abordar a medida que la genómica se convierte en una parte más central de la medicina personalizada.

Además, la privacidad y la seguridad de los datos genómicos son consideraciones fundamentales. Es vital garantizar que se protejan los derechos de los pacientes y que los datos se utilicen de manera ética y responsable. El uso de tecnologías como Beacon, una plataforma diseñada para compartir datos genómicos entre investigadores de todo el mundo, facilita el intercambio seguro de datos genómicos, pero también requiere la implementación de estándares estrictos de seguridad y privacidad para proteger la información personal de los pacientes. A medida que la medicina genómica continúa avanzando, se deberá mantener un equilibrio entre la protección de la privacidad y la promoción de la investigación colaborativa.

PACIENTES MÁS INFORMADAS SOBRE SU SALUD Y SOBRE SÍ MISMAS

Otro aspecto crucial de la medicina de precisión es su potencial para educar y empoderar a los pacientes. A medida que las mujeres se sometan a más pruebas genómicas y reciban información detallada sobre sus perfiles genéticos, estar mejor equipadas para tomar decisiones informadas sobre nuestra salud y bienestar. Este conocimiento no solo nos posibilita una participación más activa en nuestra atención médica, sino que también fomenta una mayor responsabilidad personal en la gestión de su salud.

Te diré algo más. La medicina personalizada y los datos ómicos[2] —la información biológica que proviene de diferentes áreas del estudio molecular del cuerpo, como los genes, las proteínas y los metabolitos— pueden ayudar a desestigmatizar ciertas condiciones de salud femenina. Al comprender mejor las bases genéticas de estas condiciones, las mujeres podrán verlas como enfermedades médicas legítimas, lo que puede mejorar su salud mental y emocional. Por ejemplo, saber que una condición como la endometriosis tiene una base genética puede ayudar a reducir el estigma y promover una mejor comprensión y tratamiento de esta enfermedad.

Este empoderamiento también se extiende a la capacidad de los pacientes para participar en estudios de investigación y contribuir a una base de datos genómica más amplia. La participación voluntaria en la investigación genómica permite a los pacientes influir directamen-

[2] Cada tipo de dato ómico nos ofrece una pieza del rompecabezas para entender mejor cómo funciona el cuerpo humano, cómo se desarrollan las enfermedades y cómo podemos personalizar los tratamientos médicos. Los datos ómicos son como diferentes capas de información que nos ayudan a conocer el cuerpo humano desde su nivel más básico. Estos datos nos ofrecen una visión más detallada de cómo funciona el cuerpo a nivel molecular y permiten avances en la medicina personalizada, el diagnóstico y el tratamiento de enfermedades. Son una herramienta poderosa para mejorar la atención médica y entender mejor los mecanismos biológicos que nos mantienen saludables o que contribuyen al desarrollo de enfermedades.

te en la dirección de la investigación médica y contribuir a una mejor comprensión de las enfermedades que afectan a las mujeres. Este enfoque colaborativo puede acelerar los descubrimientos científicos y llevar a tratamientos más efectivos y personalizados.

UNA REFLEXIÓN FINAL

Estamos en un punto de inflexión en la historia de la medicina, en la cual el *big data* y la medicina genómica y personalizada con una perspectiva de sexo y género tienen el potencial de transformar nuestra comprensión de la salud y la enfermedad. Reconocer y respetar estas diferencias no solo mejora los resultados de salud, sino que también promueve una atención más equitativa y justa para todos. La secuenciación del genoma femenino y el proyecto FORgenomics son ejemplos perfectos de cómo la medicina de precisión puede mejorar la salud de las mujeres. A medida que avanzamos hacia un futuro donde la medicina personalizada sea la norma, es vital continuar promoviendo la investigación inclusiva, la educación continua y el desarrollo de políticas que apoyen una medicina verdaderamente personalizada y equitativa.

Este enfoque inclusivo y basado en la evidencia permitirá construir un futuro donde cada persona, mujer u hombre, reciba la mejor atención médica posible, garantizando así una salud y bienestar óptimos para todos. Gracias al avance continuo en la medicina genómica y proyectos como el del genoma femenino, estamos más cerca de alcanzar este objetivo. El futuro de la salud femenina es prometedor, y las rápidas transformaciones tecnológicas, junto a la concienciación sobre la importancia de la equidad de género en medicina, son la garantía de que vamos en el camino correcto. El poder de los datos y la inteligencia artificial están allanando el camino para una nueva era en la medicina personalizada que haga justicia a la dimensión de género.

El camino es largo, pero con las políticas adecuadas, la concienciación y un compromiso firme con la equidad, es posible lograr una atención médica que refleje mejor nuestra diversidad.

El genoma femenino es solo el comienzo.

IDEAS CLAVE

- El genoma femenino es un proyecto pionero que permite a los investigadores identificar variantes genéticas que son específicas de las mujeres y que influyen en la respuesta a los tratamientos de fertilidad y en el riesgo de desarrollar ciertas complicaciones durante el embarazo e, incluso, de diversas enfermedades no transmisibles.

- El uso del genoma femenino y de la infinidad de datos que pueden ponerse en común y analizar permitiría un enfoque más personalizado en la atención médica que considere las características específicas de cada individuo.
- Las ciencias ómicas se han convertido en una herramienta poderosa para identificar marcadores de enfermedad específicos de cada sexo, con beneficios potenciales en términos de salud, bienestar social y psicológico para cada individuo, para la sociedad en general y los sistemas de salud y atención al paciente, así como rentabilidad y mayor eficiencia para los sistemas de salud.
- Los datos ofrecen una oportunidad sin precedentes para transformar la medicina. Con la inversión adecuada en la recopilación y análisis de datos de salud específicos de las mujeres, podemos avanzar hacia un futuro en el que todo el mundo pueda recibir la mejor atención médica posible.
- La medicina debe avanzar hacia un modelo de investigación que incluya conocer y comprender cómo el sexo y el género influyen en la salud a lo largo de la vida.

CAPÍTULO 6

Tendencias futuras y desafíos pendientes en la salud femenina

En la medicina centrada en las mujeres hay infinidad de retos por abordar. Aunque la lista podría ser mucho más larga, existe una serie de ámbitos sobre los que urge dar respuesta. Se trata de la salud cardiovascular que, como he comentado en anteriores capítulos, afecta especialmente a las mujeres y, en concreto, los casos de ictus. A continuación, analizaré con mayor detalle ambos desafíos y, pensando en el futuro más inmediato, ahondaré en cuestiones como el uso de la inteligencia artificial en la medicina que se aplica a las mujeres. Y terminaré con una reivindicación que considero esencial para que cualquier avance en la salud femenina sea posible: es necesario visibilizar a las mujeres en las investigaciones científicas.

MEJORAR LA SALUD CARDIOVASCULAR: PRIMERA CAUSA DE MUERTE EN LAS MUJERES

La salud cardiovascular de la mujer es un problema significativo y a menudo subestimado. Según el Instituto Nacional de Estadística (INE), en nuestro país fallecieron en 2022 más de 120.000 personas por alguna enfermedad cardiovascular y la Organización Mundial de la Salud indica que el 80 % de las muertes prematuras —por debajo de los setenta años— por esta causa se podrían evitar. En concreto, señala el INE, 63.291 mujeres perdieron la vida en España en 2021 debido a patologías cardiovasculares, es decir, cada 8 minutos muere una mujer en nuestro país debido a estas enfermedades. En 2021, fallecieron 55.905 hombres por causa cardiovascular, un 12 % de fallecimientos menos que en mujeres.

A pesar de estos alarmantes datos, aún persiste la percepción errónea de que el cáncer de mama supone una mayor amenaza para la salud femenina. Desatender esta realidad tiene graves consecuencias, especialmente si se tiene en cuenta que, aunque las mujeres tienden a desarrollar enfermedades cardíacas unos diez años más tarde que los hombres, las secuelas son más pronunciadas en mujeres.

Las disparidades de sexo y género en la salud cardiovascular son notables. En la actualidad, la enfermedad coronaria sigue siendo la principal causa de muerte entre las mujeres y representa el 52.6 % de todas las muertes relacionadas con las enfermedades cardíacas. Los factores de riesgo clásicos como la hipertensión, la diabetes y el hipercolesterolemia afectan a ambos géneros, por descontado, pero su impacto relativo y su prevalencia varía entre hombres y mujeres. Ellas tienden a desarrollar hipertensión y diabetes a edades más avanzadas, mientras que la obesidad y el síndrome metabólico son más prevalentes en las mujeres posmenopáusicas.

Pero vayamos a los síntomas.

Las mujeres suelen experimentar los síntomas de manera diferente a los hombres, lo que puede llevar a retrasos en el diagnóstico y el tratamiento. Mientras que los hombres presentan dolor en el pecho, las mujeres suelen padecer síntomas menos comunes como dificultad para respirar, fatiga, debilidad, náuseas y dolor en áreas como la espalda, el cuello o la mandíbula, que pueden ser etiquetados incorrectamente. Lamentablemente, estos síntomas atípicos pueden afectar de forma negativa a los resultados clínicos en las mujeres y, a veces, se actúa demasiado tarde.

PRUEBAS DIAGNÓSTICAS QUE NO LO DICEN TODO

A pesar de que las pruebas diagnósticas son herramientas de precisión que los médicos necesitamos para detectar diferentes enfermedades, hay que tener en cuenta también las diferencias de sexo.

Es el caso de pruebas diagnósticas no invasivas, como las pruebas de esfuerzo o las ecocardiografías. Estas evaluaciones médicas suelen ser menos efectivas en mujeres, particularmente en menores de cincuenta y cinco años, cuando la prevalencia de enfermedad coronaria es relativamente menor. Las diferencias hormonales y las características anatómicas, como el menor tamaño de las arterias coronarias en mujeres, pueden afectar a la precisión de estas pruebas. Por lo tanto, es importante considerar técnicas diagnósticas alternativas, como la angiografía por tomografía computarizada y la resonancia magnética cardíaca, que proporcionan una evaluación más precisa en mujeres.

Las mujeres también presentan un mayor riesgo de disfunción microvascular, una condición que daña los pequeños vasos sanguíneos del corazón y que a menudo se pasa por alto en los diagnósticos tradicionales. La disfunción microvascular puede causar síntomas de angina de pecho, pero sin la presencia de obstrucciones significativas en las arterias coronarias, lo que complica aún más que las afectadas sean diagnosticadas de manera acertada y, por lo tanto, reciban el tratamiento adecuado.

LA INFLUENCIA DE LOS ESTRÓGENOS Y SUS EFECTOS CARDIOPROTECTORES

Como ya vimos cuando tratamos el envejecimiento, los estrógenos juegan un papel crucial en la protección cardiovascular en las mujeres. Durante la etapa reproductiva, los niveles elevados de estas hormonas sexuales femeninas proporcionan efectos cardioprotectores. Los estrógenos mejoran el perfil lipídico, promoviendo niveles más altos de lipoproteínas de alta densidad (HDL, por sus siglas en inglés, o lo que conocemos como colesterol bueno) y niveles más bajos de lipoprotéinas de baja densidad (LDL o colesterol malo), lo que reduce el riesgo de aterosclerosis y enfermedades coronarias. Además, los estrógenos tienen efectos vasodilatadores, que ayudan a mantener la flexibilidad de las arterias y a reducir la presión arterial, disminuyendo la agregación plaquetaria y mejorando el flujo sanguíneo. Hasta aquí, todo es positivo.

Por el contrario, como ya vimos, la disminución de los niveles de estrógenos en la menopausia marca un cambio significativo en la salud cardiovascular de las mujeres. Este descenso hormonal está asociado con un aumento del riesgo de enfermedades cardiovasculares, ya que se pierden los efectos protectores de esta hormona. Durante la transición menopáusica, el cuerpo femenino se transforma en mayor o menor grado. Por ejemplo, se observan cambios en la composición corporal, como el aumento de la grasa abdominal, que es un factor de riesgo adicional a sufrir una dolencia cardiovascular. De hecho, se debe evitar tener un perímetro elevado de la cintura más allá de cuestiones estéticas —no debería exceder los 88 cm en las mujeres—. Además, la menopausia también va unida a un aumento en la presión arterial, dislipidemia y resistencia a la insulina, factores que pueden encaminar a las mujeres a sufrir una patología cardiovascular.

Lejos de alarmar, quiero subrayar la importancia de conocer todas las variables que hacen que las enfermedades cardiovasculares sean una amenaza para la salud femenina. Veamos algunas más.

OTROS FACTORES DE RIESGO ESPECÍFICOS POR SER MUJER

La prevención de las enfermedades cardiovasculares en mujeres enfrenta desafíos únicos debido a una serie de factores de riesgo específicos. Por ejemplo, el embarazo también puede facilitar el desarrollo de condiciones como la hipertensión gestacional y la preeclampsia, las cuales aumentan el riesgo de desarrollar hipertensión y otras enfermedades cardiovasculares prematuras en el futuro. Estas afecciones deben ser monitorizadas de cerca y gestionadas adecuadamente para reducir el riesgo a largo plazo de padecer otras enfermedades cardiovasculares. La identificación temprana de estos riesgos permite intervenciones terapéuticas preventivas y oportunas, que pueden incluir cambios en el estilo de vida —sobre los que me detendré más adelante—, manejo farmacológico y control de la hipertensión y la diabetes.

Los enfoques de tratamiento para la salud cardiovascular también deben considerar las diferencias de género en la respuesta a los medicamentos. Las mujeres y los hombres exhiben variaciones en la eficacia de los fármacos y los efectos adversos, lo que requiere adaptaciones precisas de la dosis en mujeres para optimizar la seguridad y la eficacia. Es necesario desarrollar guías clínicas y de tratamiento específicas para mujeres y más investigación para comprender mejor estas diferencias. No me cansaré nunca de recomendarlo.

El acceso a la atención médica y las disparidades en el tratamiento agravan aún más estos problemas. Las mujeres a menudo experimentan un tratamiento inadecuado en comparación con los hombres, en muchas ocasiones, debido a la falta de investigación específica. Estas disparidades se extienden a varios aspectos de la salud cardíaca, desde el uso de terapias dirigidas por guías hasta la revascularización y la rehabilitación cardíaca.

Los retrasos en la atención cardiovascular aguda para las mujeres pueden atribuirse a una variedad de factores, desde los intervalos más largos entre el inicio de los síntomas y la presentación clínica hasta la falta de reconocimiento de los síndromes coronarios agudos en mujeres por parte del equipo de atención médica, debido a brechas en la comprensión de los síntomas y posibles sesgos. No se trata de culpar a nadie, pero la realidad es que las mujeres con estas dolencias se diagnostican menos y más tarde.

CUIDAR LA MENTE PARA CUIDAR EL CORAZÓN

Ya hemos visto anteriormente que las mujeres son más vulnerables a problemas como la depresión y la ansiedad, lo que tiene implicaciones para la prevención, identificación y tratamiento tanto de los trastornos mentales como de las enfermedades cardíacas. No sé si lo sabías, pero el estrés, ya esté relacionado con el trabajo o con la vida personal, puede contribuir a un mayor riesgo de enfermedad coronaria en mujeres. Recuérdalo: vivir con estrés puede tener consecuencias graves.

En este sentido, es esencial que los profesionales de la salud aborden la salud mental como parte integral de la atención cardiovascular, proporcionando recursos y apoyo para ayudar a las mujeres a manejar el estrés y mejorar su bienestar mental. La sensación de no llegar a todo es un indicador de la necesidad de poner freno al estrés. Pero ponerle freno no significa ocupar el último puesto en la lista de prioridades, sino todo lo contrario. Las mujeres pueden enfrentar barreras adicionales para acceder a la atención médica debido a los roles tradicionales de género, que priorizan el cuidado de la familia sobre la salud personal. Abordar estas barreras y promover un enfoque centrado en el paciente, que tenga en cuenta las necesidades específicas de las mujeres, es fundamental para mejorar la salud cardiovascular. De nuevo, hay que ponerse en la piel de los demás.

Así pues, el impacto de los factores psicosociales en la salud cardiovascular no debe subestimarse. La combinación de estrés crónico, ansiedad y depresión puede llevar a cambios fisiológicos que aumentan el riesgo de enfermedades cardíacas. Es vital que las intervenciones en salud mental se integren en los programas de prevención y tratamiento de enfermedades cardiovasculares para abordar estos factores de manera efectiva. La relación es muy clara y el abordaje ha de ser integral.

QUÉ PODEMOS HACER HOY PARA TRATAR Y PREVENIR ESTAS DOLENCIAS

Aunque ya lo señalé al hablar del envejecimiento, no está de más recordar que la terapia hormonal sustitutiva, especialmente cuando se administra por vía transdérmica, ha demostrado beneficios potenciales para la salud cardiovascular en mujeres posmenopáusicas. Estudios recientes indican que esta terapia puede mejorar los perfiles lipídicos, reducir la presión arterial y disminuir la rigidez arterial, lo que se traduce en una mejor salud cardiovascular. A diferencia de las formas orales de terapia hormonal sustitutiva, la administración transdérmica evita el primer paso hepático, reduciendo el riesgo de eventos tromboembólicos y ofreciendo una opción segura para muchas mujeres.

En cualquier caso, la implementación de medidas preventivas adaptadas a las necesidades específicas de las mujeres es el primer paso que se ha de seguir. Esto incluye modificaciones en el estilo de vida, como la actividad física regular —ser constantes y no descuidar el deporte—, una dieta equilibrada y saludable —tenemos a nuestro alcance la dieta mediterránea—, mantener un peso corporal adecuado —e, insisto, no es un asunto estético— y evitar el consumo de tabaco. Todas estas estrategias no solo reducen el riesgo de enfermedad cardiovascular, sino que mejoran la calidad de vida general. Son, sin duda, imprescindibles. Los malos hábitos sostenidos en el tiempo terminan incidiendo, tarde o temprano, en nuestra salud.

ESTRATEGIAS PARA FAVORECER LA SALUD CARDIOVASCULAR FEMENINA: UNA LABOR DE TODOS

Que las mujeres puedan tener una salud cardiovascular óptima requiere la colaboración entre profesionales sanitarios, gestores e investigadores para abordar cada uno de los desafíos y brechas en la investigación, prevención y tratamiento en la mujer. Estos son los cinco ámbitos de acción que propongo.

EDUCACIÓN Y CONCIENCIACIÓN: INFORMAR SOBRE LOS RIESGOS

Es fundamental aumentar la educación y la concienciación tanto entre la población general como entre los profesionales de la salud. Las campañas de concienciación deben centrarse en informar a las mujeres sobre los riesgos específicos de género, los síntomas atípicos y la importancia de la prevención y del tratamiento tempranos. La formación continua para los profesionales de la salud debe incluir información actualizada sobre las diferencias sexuales en la presentación de enfermedades cardiovasculares y las mejores prácticas para el diagnóstico y tratamiento de las mujeres.

INVESTIGACIÓN E INNOVACIÓN: MÁS REPRESENTADAS Y ANALIZADAS

Uno de los problemas más apremiantes es la subrepresentación histórica de las mujeres en ensayos clínicos cardiovasculares. Aunque estudios de Estados Unidos como el Women's Health Study (WHS) y la Women's Health Initiative (WHI) han aumentado la participación femenina, las mujeres siguen estando inadecuadamente representadas, siendo menos de un tercio de los participantes en ensayos de género mixto. Esta disparidad de género en la participación en la investigación tiene implicaciones significativas para el desarrollo de estrategias terapéuticas efectivas para las mujeres.

Varios factores contribuyen a la baja inscripción de mujeres en ensayos cardiovasculares. Primero, hay una subestimación prevalente del riesgo cardíaco para las mujeres y de sus síntomas específicos y, en consecuencia, menos derivaciones a consultas de cardiología donde típicamente se da el reclutamiento para estos ensayos clínicos.

Además, en general, las mujeres tienden a manifestar enfermedades cardiovasculares más tarde en la vida, lo que puede introducir un sesgo de edad y género en el proceso de inscripción en el estudio. Otras barreras protagonizadas por las propias mujeres son el miedo y la desconfianza en la investigación, la falta de conocimiento sobre los ensayos clínicos o la interferencia con las responsabilidades laborales y familiares.

La falta de estudios sensibles al sexo y al género en la investigación de patologías cardiovasculares destaca una brecha significativa en el campo de la investigación de enfermedades no transmisibles. Durante décadas, la salud cardiovascular de las mujeres se ha dejado de lado, con la percepción errónea de que los problemas de corazón afectan sobre todo a los hombres o que ambos géneros son igualmente susceptibles. Ya sabemos que no es así. Es más, las investigaciones que sí se han llevado a cabo han demostrado consistentemente una heterogeneidad notable en la manifestación de este tipo de dolencias, la carga de factores de riesgo y el pronóstico de la enfermedad entre hombres y mujeres.

Para abordar estas disparidades de sexo en la investigación y atención cardiovascular, hay una necesidad urgente de esfuerzos y compromisos sostenidos para desarrollar planes estratégicos adaptados para la prevención y manejo de enfermedades cardíacas en mujeres. Los formuladores de políticas deben diseñar y evaluar estrategias para aumentar la conciencia, mejorar la investigación y optimizar la prevención, el diagnóstico y el tratamiento de las mujeres. Este paso crítico es esencial para cerrar las brechas y desafíos en nuestra comprensión de las enfermedades cardíacas y, en última instancia, mejorar los resultados de salud cardiovascular en esta población.

El impulso de la investigación específica de sexo y género en salud cardiovascular nos lleva a desarrollar tratamientos más efectivos y personalizados. Así, se necesita una mayor financiación para estudios que exploren las diferencias biológicas y fisiológicas entre hombres y mujeres con relación a las enfermedades cardiovasculares. Además, la colaboración internacional entre instituciones de investigación es esencial para acelerar el progreso en la comprensión y el tratamiento de estas enfermedades en mujeres.

TECNOLOGÍA Y HERRAMIENTAS DIGITALES

Ya hemos visto cómo el uso de tecnología y herramientas digitales puede mejorar significativamente la prevención y el manejo de las enfermedades cardiovasculares en mujeres. Aplicaciones móviles y dispositivos portátiles que monitorizan la salud cardiovascular pueden empoderar a las mujeres para que tomen un papel activo en la gestión de su salud. Estas herramientas pueden proporcionar recordatorios para la medicación, seguimiento de la actividad física, monitorización de la presión arterial o acceso a recursos educativos sobre salud cardiovascular. La integración de estas tecnologías en la atención médica puede facilitar la detección temprana de problemas y mejorar la adherencia al tratamiento.

HACIA LA MEDICINA DE PRECISIÓN

El futuro de la salud cardiovascular en mujeres apunta a un enfoque personalizado que considere las variaciones individuales en genética, biología, estilo de vida y factores de riesgo específicos. Las enfermedades cardiovasculares han sido, durante mucho tiempo, el foco de estudios y avances que en gran medida han omitido las diferencias entre sexos, llevando a tratamientos estandarizados que no siempre se ajustan a las necesidades particulares de las mujeres. En este contexto, la medicina de precisión ofrece una alternativa prometedora y revolucionaria.

La medicina de precisión tiene como objetivo adaptar la prevención, el diagnóstico y el tratamiento de las enfermedades cardiovasculares a las características únicas de cada paciente. Utilizando datos genéticos, biomarcadores y una evaluación integral de factores de estilo de vida y antecedentes familiares, este enfoque permite identificar riesgos con mayor precisión y desarrollar intervenciones que realmente se ajusten a cada perfil individual. Este nivel de personalización es particularmente relevante en las mujeres, quienes a menudo presentan síntomas y progresión de la enfermedad cardiovascular de manera diferente a los hombres. Por ejemplo, las mujeres tienen una mayor tendencia a experimentar dolor en áreas distintas al pecho durante un ataque cardíaco y son más propensas a desarrollar ciertas condiciones, como el síndrome del corazón roto y la disfunción microvascular, que suelen pasar desapercibidas en los enfoques de diagnóstico convencionales.

Además, factores hormonales y de salud reproductiva juegan un papel crucial en la salud cardiovascular de las mujeres. Cambios hormonales significativos, como los que ocurren durante el embarazo, la menopausia y los tratamientos hormonales, pueden influir en el riesgo de enfermedades cardíacas. La medicina de precisión busca abordar estas diferencias al considerar datos específicos de salud reproductiva, historia menstrual y uso de anticonceptivos o terapia hormonal, permitiendo una visión integral de la salud de la mujer.

La recopilación y el análisis de datos genéticos y de otros biomarcadores en mujeres también abren la puerta a tratamientos preventivos y de intervención temprana, basados en una comprensión profunda de los riesgos individuales. En lugar de aplicar tratamientos generalizados, la medicina de precisión permite, por ejemplo, identificar a mujeres con predisposición genética a ciertos tipos de enfermedades cardiovasculares, como la hipertensión o la insuficiencia cardíaca, e intervenir antes de que la enfermedad se manifieste. Además, la posibilidad de ajustar las dosis de medicamentos y la elección de tratamientos en función de la respuesta individual mejora no solo la efectividad del tratamiento, sino también la seguridad, ya que se minimizan los efectos secundarios.

La medicina de precisión también se beneficia de la integración de datos provenientes de la vida diaria de las pacientes, como el uso de dispositivos portátiles que monitorean la frecuencia cardíaca, el nivel de actividad física y la calidad del sueño. Estos datos ofrecen una visión continua y personalizada del estado de salud de cada paciente, permitiendo una detección temprana de cambios y facilitando ajustes en los tratamientos. Este enfoque de monitorización constante resulta especialmente útil para mujeres con antecedentes de enfermedades cardiovasculares o aquellas en etapas de la vida que aumentan su riesgo, como la menopausia.

En última instancia, la medicina de precisión tiene el potencial de transformar la prevención y el tratamiento de enfermedades cardiovasculares en mujeres, ofreciendo una atención más equitativa y eficaz. Este enfoque personalizado no solo mejora los resultados de salud, sino que también empodera a las mujeres, brindándoles información detallada y relevante para que puedan tomar decisiones informadas sobre su salud. Al integrar la genética, los biomarcadores y los factores de vida específicos de las mujeres, la medicina de precisión promete una nueva era de cuidado cardiovascular que prioriza la individualidad y reconoce las necesidades únicas de cada mujer.

AMPLIAR LA COLABORACIÓN EN RED

Para mejorar los resultados en la salud cardiovascular de las mujeres, resulta imprescindible favorecer la colaboración multidisciplinaria entre cardiólogos, obstetras y ginecólogos, endocrinólogos y otros profesionales de la salud. Este enfoque integrado puede abordar de manera más completa los diversos factores que contribuyen a las enfermedades cardiovasculares en mujeres, desde los factores biológicos hasta los psicosociales.

Empoderar a las mujeres para que tomen decisiones informadas sobre su salud es fundamental para mejorar su salud cardiovascular. Esto implica proporcionarles acceso a información precisa y comprensible sobre los riesgos y las opciones de tratamiento, así como fomentar su participación activa en las decisiones relacionadas con su salud. Ellas también tienen algo que decir.

IDEAS CLAVE

- La enfermedad cardiovascular en mujeres es un problema poliédrico y complejo que requiere una atención urgente y esfuerzos integrales. A pesar de ser la principal causa de muerte entre las mujeres a nivel mundial, las percepciones erróneas y la subestimación de su impacto persisten.
- Muchas mujeres identifican erróneamente el cáncer de mama como la principal causa de muerte en su demografía, lo que lleva a retrasos en la búsqueda de consejo médico para problemas cardíacos.
- Los médicos también tienden a subestimar el riesgo cardiovascular de las mujeres, lo que puede resultar en un subdiagnóstico, decisiones de tratamiento inapropiadas o condiciones no tratadas.
- Las mujeres describen los síntomas de manera diferente a los hombres, lo que puede llevar a retrasos en su diagnóstico y tratamiento. Ellas pueden experimentar síntomas menos comunes como dificultad para respirar, fatiga, debilidad, náuseas y dolor en áreas como la espalda, el cuello o la mandíbula, que a veces son etiquetados incorrectamente.

- La prevención de las dolencias cardíacas en mujeres enfrenta desafíos únicos debido a factores de riesgo específicos de género. Por ejemplo, los cuidados relacionados con el embarazo son un elemento clave, ya que las condiciones cardíacas son una causa importante de morbilidad y mortalidad materna, al igual que la disminución en la producción de estrógenos durante la menopausia hace que las mujeres pierdan un escudo protector.
- El impacto de los factores psicosociales en la salud cardiovascular no debe infravalorarse. La combinación de estrés crónico, ansiedad y depresión puede llevar a cambios fisiológicos que aumentan el riesgo de enfermedades cardíacas.
- Las disparidades de género en la salud cardiovascular deberían abordarse con la incorporación de guías clínicas sensibles al sexo y género, la promoción de la participación femenina en ensayos clínicos y la implementación de enfoques multidisciplinarios.

REDUCIR LOS CASOS DE ICTUS FEMENINO

El ictus, también conocido como accidente cerebrovascular (ACV) o infarto cerebral, es una de las principales causas de muerte y discapacidad en todo el mundo. ¿En qué consiste? Se trata de una alteración anómala del flujo de sangre en el cerebro, que hace que el aporte de oxígeno sea deficiente y el tejido neuronal se resienta.

Esta falta de oxígeno produce una muerte del tejido cerebral que puede ser más o menos grave. De hecho, el cerebro resultará dañado de una forma u otra dependiendo de la intensidad del ictus. El infarto cerebral puede ser de origen hemorrágico, debido a la rotura de vasos sanguíneos, o isquémico, cuando un coágulo en las arterias impide que la sangre llegue al cerebro. Ambos tipos de ictus producen daños cerebrales, reversibles o irreversibles, pero si algo resulta clave en el diagnóstico y el tratamiento del ictus es el tiempo. Cuanto antes se detecte, mayores posibilidades habrá para que el pronóstico mejore.

EL ICTUS PREFIERE A LAS MUJERES

Si, como ya hemos visto, la mayoría de fallecimientos en las mujeres en España se deben a las complicaciones cardiovasculares, el ictus es la principal de todas ellas. Las mujeres no solo tienen un riesgo más alto de sufrir un ictus a lo largo de su vida, sino que también suelen ser más severos y presentan peores resultados después del infarto cerebral en comparación con los hombres. Como puedes imaginar, este fenómeno se debe a una combinación de factores biológicos y socioculturales que afectan de manera única a las mujeres.

Históricamente, se ha reportado que la incidencia ajustada por edad del ictus es más baja en mujeres que en hombres. Sin embargo, estudios recientes han indicado que, en edades más jóvenes, las mujeres pueden tener una incidencia de ictus similar o incluso mayor que los hombres. Además, el riesgo de por vida (*lifetime risk*, LTR por sus siglas en inglés) de sufrir un ictus es generalmente mayor en mujeres debido a su mayor esperanza de vida.

Por ejemplo, el llamado ictus hemorrágico subaracnoideo (SAH) es más común en las mujeres que en los hombres. Las mujeres también presentan una mayor prevalencia de aneurismas intracraneales y tienen un riesgo más alto de formación y crecimiento de los mismos. De hecho, la disminución de los niveles de estrógeno después de la menopausia se ha relacionado con un aumento del riesgo de formación y ruptura de aneurismas en mujeres. Digamos que el ictus, aunque también afecte a los hombres, prefiere a las mujeres.

Hay una serie de factores de riesgo que son comunes en ambos sexos:

- La **hipertensión** es el factor de riesgo más prevalente para el ictus. Aunque la prevalencia general es mayor en hombres, en mujeres posmenopáusicas aumenta considerablemente, superando la de los hombres.

- La **diabetes *mellitus*** (DM) es otro factor de riesgo importante para el ictus. La diabetes está asociada con un riesgo significativamente mayor de ictus isquémico y hemorrágico. La prevalencia es ligeramente mayor en hombres (9.6 %) que en mujeres (9 %). Sin embargo, las mujeres con diabetes tienen un riesgo relativo de ictus un 27 % mayor que los hombres con la misma enfermedad.

- La **fibrilación auricular** (FA) o arritmia cardíaca. Aunque la incidencia y prevalencia ajustada por edad de arritmia es más baja en mujeres que en hombres, el riesgo de por vida es similar en ambos sexos debido a la mayor esperanza de vida de las mujeres. Esta patología está asociada con un mayor riesgo de tromboembolismo sistémico, incluyendo ictus, siendo el riesgo casi el doble en mujeres que en hombres. A pesar de ello, las mujeres tienen menos probabilidades de recibir anticoagulación oral que los hombres.

¿Qué otras diferencias hay entre ambos sexos?

- **Edad**. Las mujeres tienden a sufrir su primer ictus a una edad mayor en comparación con los hombres. La edad promedio del primer ictus en mujeres es de setenta y cinco años, mientras que en hombres es de setenta y un años. Este desfase en la edad de presentación influye significativamente en la mortalidad y los resultados funcionales después de un ictus, ya que una mayor edad se asocia con una peor recuperación. Pero cuidado, esto no significa que las mujeres más jóvenes no puedan verse afectadas.

- **Síntomas atípicos y diagnósticos fallidos.** La pérdida de fuerza o sensibilidad, la debilidad en la cara, el brazo o la pierna de un lado del cuerpo, la pérdida de visión, la sensación de vértigo, la alteración repentina del habla y el dolor de cabeza súbito son las principales señales de alarma. además, las mujeres pueden presentar síntomas no tradicionales o atípicos de ictus, lo que puede llevar a un retraso o a errores en el diagnóstico. Entre las señales específicas, cabe destacar cambios en el estado mental, dolor, náuseas, palpitaciones y dificultad para respirar. En el caso de las mujeres, el dolor relacionado con el ictus puede manifestarse de manera atípica y en diversas áreas del cuerpo, lo que puede confundir el diagnóstico. A diferencia de los síntomas clásicos, algunas mujeres pueden experimentar dolor en el pecho, en el brazo (similar al dolor en los episodios cardíacos), o incluso dolor en el rostro.

Además, es común que se presenten dolores generales o malestar no específico, que podrían no ser inmediatamente reconocidos como signos de un ictus. Este tipo de síntomas menos comunes puede retrasar el diagnóstico, ya que no se asocian típicamente con un ictus, por lo que la identificación y la rápida reacción ante estos signos es crucial para una intervención temprana y eficaz. Como ya he apuntado al principio, cuando un ictus se detecta de forma temprana, las posibilidades de recuperación crecen.

- **Influencia de las hormonas sexuales.** El estrógeno y la testosterona juegan un papel crucial en la salud cerebrovascular. Como ya sabéis, el estrógeno tiene efectos vasoprotectores, mientras que la testosterona puede tener efectos proinflamatorios. Por tanto, la disminución de los niveles de estrógeno después de la menopausia puede contribuir al aumento del riesgo de ictus en mujeres mayores.

- **Peores resultados y recuperación.** Las mujeres tienen peores resultados funcionales y una menor calidad de vida después de un ictus en comparación con los hombres. Factores como la edad avanzada, la mayor severidad del ictus, las comorbilidades y el soporte social, hacen que los efectos de un ictus sean más pronunciados en mujeres. Diferentes estudios han demostrado que las mujeres tienen más probabilidades de experimentar depresión tras un ictus —la prevalencia es hasta un 78 % mayor que en hombres— y, en algunos casos, una mayor incidencia de deterioro cognitivo.

LOS BENEFICIOS CARDIOVASCULARES DE LA TERAPIA HORMONAL SUSTITUTIVA EN MUJERES MÁS JÓVENES

Años de estudios observacionales y retrospectivos apoyan un beneficio cardiovascular y una mejor supervivencia entre las usuarias de terapia hormonal sustitutiva. También ha surgido la hipótesis del *timing* o momento oportuno, que apunta a que cuando el inicio de la terapia se da al principio de la menopausia, puede haber un beneficio cardiovascular. Revisiones recientes proporcionan tranquilidad y apoyan las recomendaciones de consenso de que la terapia hormonal sustitutiva puede ser beneficiosa cuando se inicia en el momento adecuado. El estrógeno, una hormona clave para el tratamiento, tiene efectos vasoprotectores como la mejora de la función endotelial, la reducción de la inflamación y la inhibición de la aterosclerosis. Además, puede ayudar a mantener la elasticidad de los vasos sanguíneos y mejorar el perfil de lípidos, reduciendo así el riesgo de eventos cardiovasculares y posiblemente el riesgo de ictus.

Me gustaría terminar este apartado remarcando qué debemos hacer cuando creemos que alguien cercano podría estar sufriendo un ictus. Lo primero debe ser llamar al 112 y avisar del posible ictus. No todos los hospitales cuentan con una unidad específica para detectar y tratar estos casos y esa llamada puede cambiar la vida del afectado. Será entonces cuando acuda una ambulancia con un médico especialista y con las herramientas adecuadas para el diagnóstico y tratamiento urgente del ictus. La administración de fármacos para controlar esta emergencia médica también cuenta con una ventana de tiempo muy determinada para que el paciente salga adelante de la mejor manera. No lo olvides, en el ictus, el tiempo puede salvar vidas y limitar las secuelas.

APROVECHAR AL MÁXIMO LA INTELIGENCIA ARTIFICIAL

La inteligencia artificial (IA) se refiere a la capacidad de una máquina para imitar funciones cognitivas humanas como el aprendizaje y la resolución de problemas. En el ámbito médico, la inteligencia artificial puede analizar grandes volúmenes de datos, identificar patrones y ayudar a los profesionales de la salud a tomar decisiones informadas. Esto se logra a través de varias técnicas y subdisciplinas, como el aprendizaje automático (ML, *machine learning*), el aprendizaje profundo (DL, *deep learning*), y el procesamiento del lenguaje natural (NLP, *natural language processing*). Desde diagnósticos más precisos hasta tratamientos personalizados, la inteligencia artificial está transformando la manera en que comprendemos y tratamos la salud humana.

BENEFICIOS DE LA INTELIGENCIA ARTIFICIAL PARA MEJORAR LA SALUD FEMENINA

En el ámbito específico de la salud de la mujer, la inteligencia artificial ha transformado por completo el panorama, ofreciendo una serie de beneficios que están revolucionando la forma en que se brinda atención médica. Esta tecnología avanzada permite identificar anomalías y correlaciones que podrían pasar desapercibidas para los médicos, resultando en diagnósticos más tempranos y precisos, fundamentales para el tratamiento efectivo de diversas condiciones médicas.

Además de mejorar la precisión, estas herramientas están aumentando la eficiencia en el sector salud. La automatización de tareas administrativas, como la gestión de citas, la facturación y el mantenimiento de registros, libera tiempo para los profesionales de la salud. Esto les permite concentrarse más en el cuidado directo de los pacientes, mejorando la calidad de la atención que se ofrece. Por ejemplo, algunos sistemas pueden predecir la demanda de servicios médicos y optimizar la asignación de recursos, asegurando que los hospitales y clínicas funcionen de manera más eficiente.

Un aspecto crucial de la inteligencia artificial es su capacidad para personalizar tratamientos. Al considerar las características genéticas y el historial médico de cada paciente, ciertos algoritmos pueden ayudar a desarrollar tratamientos específicos que optimizan los resultados de salud. Esta personalización no solo mejora la efectividad de los tratamientos, sino que también asegura que cada paciente reciba la atención más adecuada. Por ejemplo, en el tratamiento del cáncer, puede analizar el perfil genético del tumor de una paciente y recomendar terapias que sean más efectivas para ese tipo específico de cáncer.

La inteligencia artificial también está mejorando el acceso a la atención médica, particularmente en áreas rurales o con recursos limitados. Tecnologías como los *chatbots* y los asistentes virtuales están haciendo posible que personas en zonas remotas accedan a información médica y asistencia básica. Estos sistemas pueden proporcionar respuestas rápidas a preguntas sobre síntomas, guiar a los pacientes sobre cuándo buscar atención médica y ofrecer consejos sobre el manejo de enfermedades crónicas.

UNA ADVERTENCIA: ALGUNOS POSIBLES PROBLEMAS QUE SURGEN DE ESTA TECNOLOGÍA

La implementación de la inteligencia artificial en la salud de la mujer enfrenta varios desafíos que no se pueden pasar por alto. La privacidad y seguridad de los datos es una de las principales preocupaciones. Estos sistemas deben garantizar que la información de las pacientes se maneje de manera segura y cumpla con las regulaciones de privacidad para proteger la confidencialidad y la integridad de los datos. Esto incluye la encriptación de datos, el acceso controlado y la supervisión constante para detectar y prevenir violaciones de seguridad.

Otro desafío importante es la transparencia y la comprensión de los algoritmos. Estos sistemas pueden ser muy complejos y difíciles de entender, lo que puede generar desconfianza entre los profesionales de la salud y los pacientes. Es crucial desarrollar métodos para explicar cómo se toman las decisiones y asegurar que los profesionales de la salud puedan comunicar estas decisiones de modo claro a los pacientes. Por ejemplo, se pueden utilizar modelos de IA explicables que permitan a los médicos entender las razones detrás de una recomendación específica y discutir estas razones con sus pacientes.

La equidad y la no discriminación también son preocupaciones significativas. Los algoritmos deben ser diseñados de manera que eviten sesgos que puedan resultar en discriminación contra las mujeres. Es esencial que los datos utilizados para entrenar estos sistemas sean diversos y representativos de toda la población para garantizar así que las recomendaciones sean justas y equitativas. Esto incluye la supervisión y el ajuste continuo de los algoritmos para detectar y corregir cualquier sesgo que pueda surgir.

Finalmente, la cuestión de la responsabilidad es un desafío legal y ético importante. Determinar quién es responsable cuando un sistema automatizado comete un error es complejo y requiere de marcos claros que aseguren que se tomen las medidas correctivas adecuadas y que los pacientes afectados reciban la compensación necesaria. Esto implica la colaboración entre desarrolladores de tecnología, profesionales de la salud, legisladores y éticos para crear directrices y regulaciones que aborden estos desafíos.

APLICACIONES DE LA INTELIGENCIA ARTIFICIAL EN LA MEDICINA DE LA MUJER

Como ya hemos visto, la inteligencia artificial está revolucionando la medicina en general. De la misma forma, el campo de la obstetricia y ginecología también está viendo sus beneficios, proporcionando soluciones avanzadas que mejoran significativamente el cuidado de la salud de las mujeres. A continuación, veremos algunas aplicaciones en este ámbito:

- **Monitorización del embarazo.** Gracias a estas tecnologías, se pueden obtener patrones de la frecuencia cardíaca y los movimientos fetales, que son interpretados para identificar signos de riesgo de pérdida de bienestar fetal de forma precoz. Además, las aplicaciones móviles utilizan algoritmos para ofrecer a las mujeres embarazadas un seguimiento personalizado de su salud, recordatorios sobre citas médicas y consejos adaptados a su progreso y estado de salud.

- **Diagnóstico de complicaciones del embarazo.** Detectar complicaciones en el embarazo con precisión y rapidez es esencial para la salud tanto de madres como de bebés. En este sentido, los algoritmos analizan datos clínicos y genéticos para predecir el riesgo de preeclampsia, una condición de alto riesgo para la madre y el bebé, que afecta a algunas mujeres embarazadas. Esta capacidad predictiva permite una vigilancia más cercana y acciones terapéuticas y preventivas, reduciendo significativamente los riesgos. De manera similar, la detección de diabetes gestacional se está optimizando mediante el uso de modelos de aprendizaje automático, que pueden predecir la aparición de esta condición al analizar datos de pacientes.

- **Imágenes obstétricas.** La inteligencia artificial está mejorando la interpretación de las imágenes de ultrasonido, ofreciendo diagnósticos más precisos y detallados. Los algoritmos pueden analizar ultrasonidos en tiempo real, detectando anomalías fetales y problemas de desarrollo con mayor precisión. Además, estas tecnologías también han hecho posible la creación de imágenes tridimensionales del feto a partir de datos ecográficos. Estas imágenes 3D, muy emocionantes para las madres, ayudan en el diagnóstico y muestran una imagen realista del bebé.

- **Diagnóstico del cáncer ginecológico.** El aprendizaje profundo (*deep learning*), una de las herramientas de la inteligencia artificial, ha generado algoritmos capaces de analizar imágenes de biopsias y detectar células cancerosas con una precisión mayor que la de los patólogos humanos, acelerando el diagnóstico y mejorando la precisión.

- **Gestión de la salud reproductiva.** Desde el seguimiento de la fertilidad hasta el tratamiento de trastornos hormonales, estas tecnologías están mejorando la gestión de la salud reproductiva. Aplicaciones móviles y dispositivos de seguimiento de la ovulación utilizan herramientas de inteligencia artificial para predecir los períodos más fértiles con mayor precisión, ayudando a las mujeres a planificar o evitar el embarazo. Además, los algoritmos permiten analizar datos hormonales y de salud general para personalizar tratamientos para condiciones como el síndrome de ovario poliquístico (SOP), mejorando los resultados terapéuticos y proporcionando un enfoque más individualizado para cada paciente.

- **Cirugía ginecológica asistida por inteligencia artificial.** Las cirugías ginecológicas pueden ser más precisas y menos invasivas. Sistemas como el robot Da Vinci, asistido por inteligencia artificial, permiten a los cirujanos realizar procedimientos complejos con mayor precisión y control, reduciendo el riesgo de complicaciones y acelerando la recuperación del paciente. Además, los algoritmos ayudan a analizar imágenes preoperatorias con mayor precisión, anticipando desafíos y optimizando los resultados.

- **Diagnóstico y tratamiento de enfermedades crónicas.** Los modelos de inteligencia artificial pueden analizar datos genéticos y de estilo de vida para predecir el riesgo de enfermedades crónicas, permitiendo una intervención preventiva y un manejo más efectivo. Además, pueden ayudar a personalizar los tratamientos en función de las características específicas de cada paciente, mejorando la eficacia y reduciendo los efectos secundarios.

- **Cuidado y tratamiento de la salud mental.** La inteligencia artificial está desempeñando un papel crucial en la identificación y tratamiento de problemas de salud mental en mujeres. Algunos algoritmos analizan patrones de comportamiento y respuestas a cuestionarios para identificar signos tempranos, permitiendo intervenciones también tempranas, lo que puede ser decisivo. Algunas aplicaciones de salud mental utilizan modelos de inteligencia artificial para ofrecer terapia cognitivo-conductual y otros enfoques terapéuticos, proporcionando apoyo accesible y personalizado a las mujeres que lo necesitan.

- **Educación y concienciación.** Chatbots y asistentes virtuales impulsados por inteligencia artificial pueden proporcionar información sobre salud femenina, responder preguntas comunes y ofrecer consejos personalizados. Además, plataformas de educación en salud utilizan estas tecnologías para adaptar el contenido educativo a las necesidades específicas de cada mujer, mejorando la comprensión y el compromiso con su salud.

ALGUNOS CASOS DE ÉXITO Y PROYECTOS DESTACADOS

Proyecto Hera: monitorización del embarazo en zonas rurales. El Proyecto Hera, implementado en varias regiones rurales de África, utiliza dispositivos portátiles de monitoreo fetal conectados a una plataforma de inteligencia artificial. Los datos se envían a centros médicos donde los algoritmos analizan la información en tiempo real, alertando a los profesionales de la salud sobre cualquier anomalía. Esto ha permitido una reducción significativa en la mortalidad materna y fetal en áreas con acceso limitado a servicios médicos.

AI4Gyn: diagnóstico avanzado de cáncer ginecológico. AI4Gyn es una iniciativa que utiliza inteligencia artificial para analizar imágenes de citologías y biopsias ginecológicas. En estudios recientes, el sistema ha demostrado ser capaz de detectar cáncer de cuello uterino con una precisión del 95 %, superando la precisión promedio de los métodos tradicionales. Además, el análisis automatizado ha reducido el tiempo de diagnóstico de semanas a solo unos días.

Emme: asistente virtual para la salud reproductiva. Emme es un asistente virtual que ayuda a las mujeres a gestionar su salud reproductiva mediante el seguimiento del ciclo menstrual, la fertilidad y la salud hormonal. Utiliza algoritmos de inteligencia artificial para ofrecer recomendaciones personalizadas sobre anticoncepción, planificación familiar y tratamiento de condiciones como el síndrome del ovario poliquístico. La plataforma, disponible en varios idiomas y accesible desde el móvil o el ordenador, también proporciona acceso a recursos educativos y apoyo emocional.

ELIMINAR LAS DESIGUALDADES EN LA INVESTIGACIÓN Y LOS TRATAMIENTOS

La ciencia y la academia han sido históricamente dominios que han reflejado las desigualdades de género. Hoy, a medida que la sociedad avanza hacia una mayor igualdad, es crucial examinar cómo el sexo y el género influyen en la investigación y la academia, y cómo estas influencias pueden perpetuar la inequidad.

Las decisiones sobre qué temas se investigan y financian están influenciadas por la institucionalización de sexo y género. Vale la pena detenerse en esta idea. Este concepto se refiere a cómo las diferencias biológicas entre hombres y mujeres son reconocidas en las estructuras y políticas institucionales. En la salud, sería el equivalente a políticas que reconocen las diferencias biológicas entre hombres y mujeres en cuanto a necesidades médicas específicas. Pero, en general y por desgracia, no suele ser una práctica muy frecuente. Es más, la falta de institucionalización del género en la ciencia y la academia suele dar como resultado decisiones de investigación y financiación que son un espejo de las desigualdades entre hombres y mujeres.

Así, temas relacionados con el género, la sexualidad y la salud reproductiva a menudo se ven perjudicados por restricciones políticas y sociales. Un ejemplo: en 2022, los Institutos Nacionales de Salud (NIH) de Estados Unidos asignaron 4.59 mil millones de dólares para estudiar condiciones de salud de las mujeres, una cifra que ha permanecido casi constante desde 2016, a pesar de un aumento significativo en el presupuesto general destinado a la salud. Diversos estudios han demostrado que las disparidades de financiación afectan especialmente a las enfermedades con alta morbilidad entre las mujeres, como los trastornos autoinmunes y la endometriosis, que están subrepresentadas.

LAS MUJERES, MENOS PRESENTES EN LA CIENCIA

¿Qué sucede dentro de las organizaciones y la práctica científica? Las mujeres producen menos publicaciones revisadas por pares que los hombres y enfrentan más barreras en la presentación de sus investigaciones en conferencias. De igual manera, diversos estudios muestran que las mujeres encuentran mayores dificultades para presentarse como especialistas en universidades y reuniones científicas. Además, tienden a publicar en revistas de menor impacto y enfrentan con frecuencia requisitos más estrictos.

A pesar de algunos avances, persisten grandes brechas en la equidad de género en la ciencia. Siguiendo con el ejemplo anterior de Estados Unidos: aunque los Institutos Nacionales de Salud americanos han tomado medidas para priorizar la investigación en salud de las mujeres, como aumentar el presupuesto de la Oficina de Investigación en Salud de la Mujer (ORWH), la falta de mujeres en posiciones de liderazgo y comités de revisión de estudios sigue siendo un problema significativo.

El estudio *Gender(ed) science: How the institutionalization of gender continues to shape the conduct and content of women's health research* presenta un análisis reciente de estas cuestiones. Este artículo publicado en 2024 en *Social Science & Medicine*, examina cómo la insuficiente institucionalización de sexo y género en ciencia afecta a la investigación en salud de las mujeres y, por extensión, a los resultados de salud de las mujeres. Además, resalta cómo las estructuras institucionales de género perpetúan las desigualdades.

Otros ejemplos, como el proyecto Athena SWAN y Gendered Innovations, nos dan aproximaciones culturalmente más cercanas. El proyecto Athena SWAN en el Reino Unido es una iniciativa que promueve la equidad de género en la academia, especialmente en los campos de la ciencia, la tecnología, la ingeniería, las matemáticas y la medicina. La iniciativa otorga acreditaciones a instituciones que demuestran un compromiso con la igualdad de género, proporcionando un modelo para otras organizaciones a nivel mundial. Las instituciones acreditadas han mostrado mejoras en la contratación, retención y promoción de mujeres en la academia. Este proyecto ha sido un catalizador para el cambio institucional, incentivando políticas y prácticas que promueven la equidad.

En el caso de Gendered Innovations, se trata de una iniciativa de la Comisión Europea y la Universidad de Stanford (Estados Unidos) que se enfoca en cómo la integración del análisis de género en la investigación puede conducir a innovaciones científicas y tecnológicas. Este proyecto proporciona herramientas y estudios de caso para ayudar a los investigadores a incorporar el análisis de género en sus proyectos. Gendered Innovations ha demostrado que la consideración del género en la investigación puede llevar a descubrimientos importantes y mejorar la calidad de la ciencia.

BARRERAS FRECUENTES EN EL SISTEMA DE SALUD

El género también influye en cómo los individuos interactúan con los sistemas de salud, afectando a la accesibilidad, los resultados y las políticas de atención médica. Las mujeres, a menudo, se enfrentan a barreras adicionales debido a sesgos en el sistema sanitario, lo que puede llevar a un menor acceso a tratamientos adecuados y un seguimiento menos riguroso de sus condiciones de salud. Además, la sobrecarga de roles de cuidado que tradicionalmente recae sobre las mujeres —no es la primera vez que lo menciono— puede limitar su capacidad para buscar atención médica o seguir tratamientos a largo plazo. Si eres mujer, es probable que te sientas identificada.

Las diferencias de género en la investigación biomédica, la respuesta a emergencias sanitarias —el COVID ya demostró que las mujeres no respondían igual a las vacunas— y la práctica de la medicina de precisión destacan la necesidad urgente de abordar las inequidades en el acceso y la salud. Al integrar el sexo y el género en la investigación y la práctica médica, se puede avanzar hacia una medicina más equitativa y efectiva para todos los pacientes. Este enfoque no solo mejorará la calidad de la atención médica para las mujeres, sino que también promoverá una comprensión más profunda de las diferencias biológicas y sociales que afectan a la salud humana. Estos pasos son esenciales para desarrollar una medicina verdaderamente personalizada que reconozca y respete la diversidad de nuestra experiencia individual en la salud y la enfermedad.

POR QUÉ LAS MUJERES DEBEN SER TAMBIÉN PROTAGONISTAS DE LOS ENSAYOS CLÍNICOS

Durante gran parte del siglo xx, los ensayos clínicos se realizaron predominantemente con participantes masculinos. Qué sorpresa, ¿verdad? Las mujeres fueron excluidas a menudo debido a preocupaciones sobre las fluctuaciones hormonales y los posibles riesgos durante el embarazo. Este enfoque centrado en los hombres ignoró el hecho de que las mujeres metabolizan los medicamentos de manera diferente y padecen condiciones de salud únicas. Como resultado, los fármacos efectivos en hombres no siempre han tenido el mismo éxito en mujeres, llevando a efectos adversos y malos resultados en el tratamiento.

Las mujeres tienen cambios hormonales significativos durante sus vidas, incluyendo los ciclos menstruales, el embarazo y la menopausia. Estos cambios pueden afectar al metabolismo y la eficacia de los medicamentos. Comprender estas variaciones requiere estudios exhaustivos y detallados que son costosos y complejos, y la falta de estos estudios ha dificultado el desarrollo de tratamientos efectivos específicos para las mujeres.

A pesar de los cambios regulatorios destinados a aumentar la inclusión de mujeres en los ensayos clínicos, la subrepresentación femenina sigue siendo un problema. Las mujeres constituyen un porcentaje menor de los participantes en los ensayos y los estudios a menudo no estratifican los datos por sexo, mientras que los factores sociales y culturales también contribuyen a la disparidad en el desarrollo de fármacos para mujeres. Hay menos financiación y apoyo para la investigación de enfermedades que afectan predominantemente a las mujeres, como la endometriosis y el síndrome del ovario poliquístico. Además, la falta de conciencia y defensa de los problemas de salud de las mujeres limita aún más el progreso en este campo.

El aspecto económico del desarrollo de fármacos presenta otro obstáculo importante. Las compañías farmacéuticas pueden ser reacias a invertir en medicamentos específicos para mujeres debido a que lo perciben como un mercado limitado. Los altos costes asociados con los ensayos clínicos, junto con el riesgo de obstáculos regulatorios y la necesidad de vigilancia poscomercialización, pueden desalentar la inversión. Este desincentivo económico puede retrasar la disponibilidad de tratamientos efectivos para condiciones que afectan a las mujeres.

ALGUNOS AVANCES SOBRE LOS MEDICAMENTOS PARA ELLAS

A pesar de lo expuesto anteriormente, se han realizado avances significativos en el desarrollo de fármacos destinados a tratar la salud femenina. Por ejemplo, agencias regulatorias como la FDA han implementado directrices para asegurar una mejor representación de las mujeres en los ensayos clínicos.

Además, la medicina personalizada y la farmacogenómica ofrecen soluciones prometedoras al adaptar tratamientos a perfiles genéticos individuales. Al hacerlo, es posible tener en cuenta las diferencias en el metabolismo y la respuesta a los medicamentos entre hombres y mujeres. El aumento de la defensa y la financiación para la investigación en salud de la mujer están impulsando el progreso en este campo. Y la revolución del genoma femenino tiene mucho que ver.

Por otra parte, junto con la ya mencionada FDA, los Institutos Nacionales de Salud (NIH) de Estados Unidos han introducido iniciativas para mejorar la inclusión de mujeres en la investigación clínica. Por ejemplo, la Oficina de Investigación en Salud de la Mujer de esta institución y la Oficina de Salud de la Mujer de la FDA están trabajando para asegurar que las diferencias de sexo y género se consideren en todo el continuo de la investigación biomédica. En ese sentido, el programa de investigación All of Us tiene como objetivo inscribir a una muestra diversa para avanzar en la medicina de precisión.

La investigación que involucra a mujeres embarazadas ha sido históricamente limitada debido a preocupaciones éticas y de seguridad. Sin embargo, su inclusión en los ensayos clínicos es crucial para desarrollar tratamientos seguros y efectivos para esta población. Agencias como la FDA ya han revisado las directrices para el etiquetado y la información sobre la seguridad de los medicamentos durante el embarazo, fomentando así su participación en la investigación.

Si volvemos la mirada hacia nuestro alrededor, la Unión Europea, por ejemplo, ha establecido varias iniciativas para promover la investigación en salud de la mujer. Una de las más destacadas fue el proyecto Horizon 2020, que financiaba proyectos de investigación e innovación, incluyendo aquellos que abordasen las diferencias de género en la salud y la medicina personalizada. Además, el Programa de Salud de la Unión Europea tiene como objetivo mejorar la salud de los ciudadanos europeos y reducir las desigualdades sanitarias, con un enfoque particular en la inclusión de la perspectiva de género en la investigación sanitaria.

En España, el Instituto de Salud Carlos III (ISCIII) lidera varias iniciativas para fomentar la investigación en salud de la mujer. A través de la Acción Estratégica en Salud (AES), esta institución financia proyectos que abordan las diferencias de género en la salud y promueve la inclusión de mujeres en ensayos clínicos. Además, el Observatorio de Salud de las Mujeres trabaja para aumentar la visibilidad de las necesidades de salud específicas de las mujeres y fomentar la investigación en este ámbito.

Son muchas las iniciativas que están en marcha, pero son muchos los hitos que nos quedan por conseguir, como es el caso del desarrollo de fármacos específicos para mujeres. Alcanzar la igualdad en un ámbito que ha estado históricamente dominado y centrado en los hombres es un camino largo. Sin embargo, debemos mantener la vista puesta en el futuro y en todas las iniciativas que busquen promover una salud más equitativa y justa.

MÁS ALLÁ DE LAS VENTAJAS Y ALGUNAS SOLUCIONES

Trabajar en los medicamentos para las mujeres ofrece varias ventajas clave. Al comprender mejor cómo ellas metabolizan y responden a los fármacos, es posible desarrollar tratamientos más seguros y efectivos que aborden de manera eficaz sus necesidades de salud. La investigación específica por sexo permite un enfoque más personalizado en el diagnóstico y tratamiento, mejorando los resultados de salud. Al ajustar las dosis y formulaciones según las diferencias de sexo, se pueden reducir los efectos adversos y las complicaciones relacionadas con los medicamentos. La integración de la medicina personalizada y la farmacogenómica en la investigación impulsa el avance de la medicina de precisión, beneficiando a todas las poblaciones.

Para superar las barreras en el desarrollo de fármacos para mujeres, propongo varias soluciones:

- Incrementar la financiación para la investigación de enfermedades que afectan predominantemente a las mujeres y fomentar el apoyo institucional y gubernamental para estos estudios.

- Promover la educación y la concienciación sobre la importancia de las investigaciones en salud de la mujer entre la comunidad médica y el público en general.

- Implementar regulaciones más estrictas que exijan la inclusión de mujeres en todas las fases de los ensayos clínicos y la estratificación de datos por sexo.

- Fomentar colaboraciones entre entidades públicas y privadas para financiar y apoyar la investigación específica, compartiendo recursos y conocimientos.

- Crear redes de investigación dedicadas a la salud de la mujer para facilitar la colaboración entre investigadores, instituciones y organismos reguladores.

El desarrollo de fármacos específicos para mujeres es esencial para garantizar una atención sanitaria equitativa y efectiva. A pesar de las barreras significativas que persisten, como las diferencias fisiológicas, la subrepresentación en los ensayos clínicos, los factores sociales y los desafíos económicos, se están realizando progresos. El aumento de la concienciación, los cambios regulatorios y los avances en la medicina personalizada están allanando el camino para tratamientos más efectivos y seguros para las mujeres. Un esfuerzo continuo y una inversión sostenida son esenciales para cerrar la brecha y asegurar que la salud de las mujeres reciba la atención que merece: con la colaboración y el compromiso de todas las partes interesadas es posible lograr un futuro en el que la salud femenina sea una prioridad. Ellas también deben beneficiarse por igual de los avances médicos. La importancia de considerar el sexo y el género en la investigación científica y la práctica de la medicina es una realidad que ya no podemos ignorar.

EPÍLOGO

El viaje que emprendí al escribir este libro llega a su fin, pero este final, lejos de ser un cierre, marca un nuevo y esperanzador comienzo. Un punto de inflexión, tanto para mí como, espero, para la forma en que empezamos a entender a la mujer, su fisiología, su biología y su salud. Desde la primera página, mi intención ha sido resaltar una necesidad médica y social urgente, que afecta a millones de mujeres en todo el mundo. A lo largo de este libro, he sido muy consciente de que las palabras, para tener verdadero impacto, deben estar respaldadas por hechos y soluciones reales. Espero haber logrado que tu percepción sobre la salud femenina haya cambiado, que ahora te sientas más informada y más fuerte para tomar las riendas de tu bienestar.

Sé que algunas de mis afirmaciones tal vez te hayan sorprendido, pero mi intención siempre ha sido ofrecerte una visión clara y cercana, basada en estudios profundos y conclusiones sólidas. El camino no ha sido fácil, pero era necesario.

Durante mi carrera profesional, entendí que era imprescindible recopilar información precisa y valiosa sobre la salud de las mujeres. Una información que, por su importancia, debía ser analizada rigurosamente y recibir el reconocimiento que merece. No ha sido un reto sencillo, y aún queda mucho por hacer. Sin embargo, he encontrado una profunda inspiración en las mujeres que he tenido el privilegio de conocer, y en su manera de ver y afrontar la vida. Esa inspiración me ha impulsado a buscar respuestas a preguntas que muchas veces ni siquiera se plantean en medicina.

Y fue en el genoma femenino donde encontré una herramienta poderosa para transformar la salud de las mujeres. Como mencioné al inicio de este libro, creo firmemente que estamos en el umbral de una revolución que cambiará la vida de esa mitad de la población que, durante demasiado tiempo, ha sido ignorada.

Seguiré dedicando todo mi esfuerzo y conocimientos para que esta revolución se convierta en una realidad. Estoy seguro de que superaremos cada desafío científico que se nos presente. Y, lo más importante, espero que tú también formes parte de este cambio, siendo la protagonista de esta transformación.

AGRADECIMIENTOS

Dicen que todo viaje comienza mucho antes de dar el primer paso: en las historias, las enseñanzas y los ejemplos que otros han dejado en el camino. Al escribir estas páginas, siento que he caminado, como decía Newton, sobre los hombros de gigantes que me han permitido ver más lejos de lo que habría imaginado.

En mi caso, este viaje también está lleno de los sueños que me han inspirado, las dudas que me han desafiado y las personas que me han marcado con su confianza y sabiduría.

La revolución del genoma femenino no solo representa un viaje profundo y colectivo, es también un testimonio de cómo veo la ciencia y su capacidad para transformar la forma en que entendemos el cuerpo femenino y su extraordinaria capacidad de adaptación y renovación. Busca también abrir una nueva y necesaria perspectiva sobre la salud y el bienestar de las mujeres. Este libro es uno de los que llamo mis proyectos crepusculares y refleja mi experiencia vital, profesional, académica y científica. También representa un punto de madurez, siempre necesario para pasar del primer borrador…

Mis agradecimientos van mucho más allá de este texto que hoy ve la luz, abarcan los momentos de apoyo incondicional en los días más difíciles, las palabras de aliento que marcaron la diferencia cuando todo parecía incierto, y los aprendizajes compartidos que han dejado una marca indeleble en mi camino. Estas páginas contienen la inspiración, el ánimo y el cariño de muchas personas que han contribuido, de forma directa o indirecta, a su creación. Amigas y amigos, compañeros, pacientes y supervivientes inesperados, todos están aquí, en cada idea y en cada reflexión. Quisiera mencionar a algunos de ellos…

A Candela —quien ha sido y sigue siendo mi contrafuerte y mayor fuente de inspiración, cariño y compañía— mi gratitud infinita.

A Fernando, que me ha enseñado lo que es la amistad, a entender el periodismo y la importancia de nuestra imagen pública, siempre animándome en mi defensa del Sur. A Raúl, que un día llegó para entrevistarme y destapó la idea del envejecimiento a doble velocidad en una maravillosa entrevista en *El País*. A Lina, que me llevó al

Parlamento Europeo a contar la Revolución del Genoma Femenino y el #MeToo genómico.

A Pascual, amigo del alma y extraordinario profesional, por su ánimo y soporte constante dentro y fuera de nuestra condición de médicos. A Isabel, mi ojito derecho, que me ha enseñado tantas cosas sobre la condición femenina. A Lutgardo, incondicional compañero de fatigas y aventuras profesionales, excelente médico y aún mejor profesor, mi contrapeso cercano y prudente en los desafíos. A José Antonio, siempre presente, una ayuda constante y fundamental en mis proyectos y aventuras.

A Laura, permanentemente llena de optimismo y alegría, que, tras leer la entrevista de Raúl y un ratito de charla, confió en mí desde el minuto cero para escribir este libro. Y, por supuesto, a Carmen, con quien he compartido tantos momentos de charla y escritura, queriendo arreglar el mundo, el de la mujer y tantos otros.

A Ximo, con quien empecé compartiendo una mochila azul y he acabado compartiendo ciencia, risas y mucho humor. A mis compañeras de investigación, Cristina, María, Nereida y Elena, prodigiosas científicas de ese Sur lleno de talento y alegría. A Salud, madre de Juan, que de pequeña se cayó en la marmita de la pócima de la ciencia y no para de pedir un traguito más…

Quiero darle un lugar especial en estos agradecimientos a mi gran equipo de enfermeras y matronas, y a su gran lideresa Rocío, inasequible «laminadora» de todos los trabajos imaginables.

A Montserrat, excelente colega que me ha ilustrado a lo largo de estos años sobre el envejecimiento saludable en la mujer. A Ángel, ese gran profesional que nunca se va del todo. A Luis, extraordinario manitas, en recuerdo de nuestras charlas sobre el valor de las TICS en la Medicina del siglo XXI.

A Juan, mi hijo, personaje principal en todos los aspectos de mi vida; complejo, inteligente, díscolo e imprevisible, divertido y ocurrente, que me ha acercado al futuro desde el presente de una nueva generación. La misma en la que incluyo a Marta, investigadora de nuestro grupo de Genética Prenatal y Medicina Fetal, ya flamante Doctora por la Universidad de Sevilla.

A Pitu y a Flor por su permanente ejercicio de cariño.

A los Antonios, a Diego, Salomón y Leticia, compañeros de vida, de quienes es imposible olvidarse, aunque solo sea por la efervescencia y humor de nuestro ruidoso y festivo grupo de WhatsApp (el plan B).

No puedo olvidar aquí a mis pequeños supervivientes inesperados. Y a sus madres, auténticas heroínas de un cotidiano inimaginable, lleno de incertidumbre y esperanza, que me han enseñado tanto sobre la vida en tiempos difíciles.

A las mujeres, protagonistas de mi trayectoria profesional, cuya forma de entender y afrontar la vida han sido y son un estímulo permanente.

El cariño y el aliento de todos ellos, en cada uno de mis desafíos, han hecho posible que hoy estés leyendo *La revolución del genoma femenino*. Cada palabra o frase de este libro lleva inscritas las enseñanzas, el impulso y la inspiración que me han brindado.

Seguro que podría incluir muchos más nombres, e incluso añadir a algún enemigo que quizá sin quererlo, me estimuló a seguir avanzando con resiliencia, paciencia y corazón.

A todos, presentes o no en estas páginas, mi más profunda gratitud.

REFERENCIAS BIBLIOGRÁFICAS

Advisory Panel, «The 2022 hormone therapy position statement of The North American Menopause Society», *Menopause*, 2022, 29, 767–794.

Archer D. F., *et al.*, «Effects of ospemifene on the female reproductive and urinary tracts: translation from preclinical models into clinical evidence», *Menopause*, 2015, 22, 786–796.

Aune D., *et al.*, «Anthropometric factors and endometrial cancer risk: A systematic review and dose response metanalysis of prospective studies», *Annals of Oncology*, 2015, 26, 1635–1648.

Avis N. E., *et al.*, «Correlates of sexual function among multiethnic middleaged women: results from the Study of Women's Health across the Nation (SWAN)», *Menopause*, 2005, 12, 385–398.

Baker, T. G., «A quantitative and cytological study of germ

cells in human ovaries», *Proceedings of the Royal Society of London*, 1963, 158, 417–433.

Ballering, A. V., Olde Hartman, T. C. y Rosmalen J. G. M., «Gender scores in epidemiological research: Methods, advantages and implications», *The Lancet Regional Health*, 2024, 43, 100962.

Banks, E., *et al.*, «Hormone replacement therapy and false positive recall in the Million Women Study: patterns of use, hormonal constituents and consistency of effect», *Breast Cancer Research*, 2006, 8 (1), R8.

Bartz, D., *et al.*, «Clinical advances in sex- and gender-informed medicine to improve the health of all: A review», *JAMA Internal Medicine*, 2020, 180(4), 574-583.

Bell, C. G. *et al.*, «DNA methylation aging clocks: Challenges and recommendations», *Genome Biology*, 2019, 20 (1), 249.

Beral, V., *et al.*, «Menopausal hormone therapy and 20-year breast cancer mortality», *Lancet*, 2019, 394 (10204), 1139.

Blakemore, J. y Naftolin, F., «Aromatase: Contributions to physiology and disease in women and men», *Physiology*, 2016, 31 (4), 258–269.

Block, E., «Quantitative morphological investigations of the follicular system in women; variations at different ages», *Acta Anatomica*, 1952, 14, 108–123.

Brandão, M., *et al.*, «Revolutionizing women's health: a comprehensive review of Artificial Intelligence advancements in gynecology», *Journal of Clinical Medicine*, 2024, 13, 1061.

Bromberger, J. T., *et al.*, «Major depression during and after the menopausal transition: Study of Women's Health across the Nation (SWAN)», *Psychological Medicine*, 2011, 41, 1879–1888.

Burger, H. G., *et al.*, «A review of hormonal changes during the menopausal transition: Focus on findings from the Melbourne Women's Midlife Health Project», *Human Reproduction Update*, 2007, 13, 559–565.

Bushnell, C. D. y Kapral, M. K., «Stroke in women and unique risk factors», *Stroke*, 2023, 54 (2), 587–590.

Cagnacci, A., *et al.*, «Vaginal atrophy across the menopausal age: results from the Angel study», *Climacteric*, 2019, 22, 85–89.

Carnevale, A., *et al.*, «Will Big Data and personalized medicine do the gender dimension justice?», *AI & Society*, 2023, 38 (2), 829–841.

Cheng, Y. J., Lin, C. H. y Lane, H. Y., «From menopause to neurodegeneration: Molecular basis and potential therapy», *International Journal of Molecular Sciences*, 2021, 22, 8654.

Chlebowski, R. T., Anderson, G. L., *et al.*, «Association of menopausal hormone therapy with breast cancer incidence and mortality during long-term follow-up of the women's health initiative randomized clinical trials», *JAMA*, 2020, 324 (4), 369–380.

Chlebowski, R. T., Lessing, L. S., *et al.*, «Breast cancer after use of estrogen plus progestin and estrogen alone: Analyses of data from 2 Women's Health Initiative randomized clinical trials», *JAMA Oncology*, 2020, 1 (3), 296-305.

Critchlow, A. J., *et al.*, «The role of estrogen in female skeletal muscle aging: A systematic review», *Maturitas*, 2023, 178, 107844.

Cucinella, L., *et al.*, «Insights into the vulvar component of the genitourinary syndrome of menopause», *Maturitas*, 2024, 186, 108006.

Cummings, S. R., *et al.*, «The effects of tibolone in older postmenopausal women», *The New England Journal of Medicine*, 2008, 359 (7), 697–708.

Dam, V. *et al.*, «Association of menopausal characteristics and risk of coronary heart disease: A pan-European case-cohort analysis», *International Journal of Epidemiology*, 2019, 48 (4), 1275-1285.

Davis, S. R. y Baber, R. J., «Treating menopause — MHT and beyond», *Nature Reviews Endocrinology*, 2022, 18, 490–502.

Davis, S. R., Lambrinoudaki, I., *et al.*, «Menopause», *Nature Reviews. Disease Primers*, 2015, 1, 15004.

Davis, S. R., Pinkerton, J., *et al.*, «Menopause-Biology, consequences, supportive care, and therapeutic options», *Cell*, 2023, 186 (19), 4038–4058.

DOLMANS M. M. Y DONNEZ, J., «Fertility preservation in women for medical and social reasons: Oocytes vs ovarian tissue», *Best Practice & Research. Clinical Obstetrics & Gynaecology*, 2021, 70, 63–80.

DOLMANS, M. M., *et al.*, «Transplantation of cryopreserved ovarian tissue in a series of 285 women: A review of five leading European centers», *Fertility & Sterility*, 2021, 115, 1102–1115.

DONNEYONG, M. M., *et al.*, «The Women's Health Initiative Estrogen-alone Trial had differential disease and medical expenditure consequences across age groups», *Menopause*, 2020, 27 (6), 632–639.

EGARTER, C., *et al.*, «Tibolone versus conjugated estrogens and sequential progestogen in the treatment of climacteric complaints», *Maturitas*, 1996, 23 (1), 55–62.

ENCISO, M., *et al.*, «The precise determination of the window of implantation significantly improves ART outcomes», *Scientific Reports*, 2021, 11(1), 13420.

EVERSON-ROSE, S. A., *et al.*, «Adipokines and subclinical cardiovascular disease in post-menopausal women: Study of Women's Health Across the Nation», *Journal of the American Heart Association*, 2021, 10, e019173.

FINKELSTEIN, J. S., *et al.*, «Antimullerian hormone and impending menopause in late reproductive age: The Study of Women's Health Across The Nation», *The Journal of Clinical Endocrinology and Metabolism*, 2020, 105, e1862–e1871.

Fontana, L., Partridge, L. y Longo, V. D., «Extending healthy life span from yeast to humans», *Science,* 2010, 328(5976), 321-326.

Fooladi, E., *et al.*, «Bothersome menopausal symptoms amongst postmenopausal Iranian women», *Climacteric,* 2018, 21, 586–593.

Freeman, E. W., «Associations of depression with the transition to menopause», *Menopause,* 2010, 17, 823–827.

Genazzani, A. R., Pluchino, N. y Luisi, S., «Estrogen, cognition and female ageing», *Human Reproduction Update,* 2007, 13, 175–187.

Geraci, A., Calvani, R., Ferri, E., Marzetti, E., Arosio, B. y Cesari, M., «Sarcopenia and menopause: The role of estradiol», *Frontiers in Endocrinology,* 2021, 12, 682012.

Gold, E. B., *et al.*, «Longitudinal analysis of the association between vasomotor symptoms and race/ethnicity across the menopausal transition: Study of women's health across the nation», *American Journal of Public Health,* 2006, 96, 1226–1235.

Gong, J., *et al.*, «Sex differences in dementia risk and risk factors: individualparticipant data analysis using 21 cohorts across six continents from the COSMIC consortium», *Alzheimer's Dementia,* 2023, 19 (8), 3365–78.

Gordon, J. L., *et al.*, «Estradiol variability, stressful life events, and the emergence of depressive symptomatology during the menopausal transition», *Menopause,* 2016, 23, 257–266.

Govindaraj, P., *et al.*, «DNA repair genes in aging oocytes: A key to maintaining fertility», *Mechanisms of Ageing and Development,* 2015, 149, 20-30.

Hampson, E., «Estrogens, aging, and working memory», *Current Psychiatry Reports,* 2018, 20, 109.

Han, S. L., *et al.*, «Male and female specific reproductive differences in neurocognitive decline: A systematic review and meta-analysis», *BMC Medicine,* 2023, 21, 457.

Hansen, K. R., *et al.*, «A new model of reproductive aging: the decline in ovarian non-growing follicle number from birth to menopause», *Human Reproduction,* 2008, 23, 699–708.

Harlow, S. D., *et al.*, «Executive summary of the Stages of Reproductive Aging Workshop +10: Addressing the unfinished agenda of staging reproductive aging», *The Journal of Clinical Endocrinology & Metabolism,* 2012, 97, 1159–1168.

Harrington Y. A., «Sex hormones, sleep, and memory: Interrelationships across the adult female lifespan», *Frontiers in Aging Neuroscience,* 2022, 14, 800278.

Henderson, V. W., «Estrogen containing hormone therapy and Alzheimer's disease risk: Understanding discrepant inferences from observational and experimental research», *Neuroscience,* 2006, 138, 1031–1039.

HEVENER, A. L., *et al.*, «The impact of ER-alpha action on muscle metabolism and insulin sensitivity: Strong enough for a man, made for a woman», *Molecular Metabolism,* 2018, 15, 20–34.

HODIS, H. N. Y MACK, W. J., «Menopausal hormone replacement therapy and reduction of all-cause mortality and cardiovascular disease: It is about time and timing», *Cancer Journal,* 2022, 28 (3), 208–223.

HONIGBERG, M. C., *et al.*, «Polygenic prediction of preeclampsia and gestational hypertension», *Nature Medicine,* 2023, 29 (6), 1540–1549.

HORVATH, S., «DNA methylation age of human tissues and cell types», *Genome Biology,* 2013, 14 (10), R115.

IDELEVICH, A. Y VILELLA, F., «Mother and embryo cross-communication», *Genes,* 2020, 11 (4), 376.

ISLAM, R. M., RIZVI, F., *et al.*, «Vasomotor symptoms in women in Asia appear comparable with women in Western countries: A systematic review», *Menopause,* 2017, 24, 1313–1322.

ISLAM M. R., GARTOULLA, P., *et al.*, «Prevalence of menopausal symptoms in Asian midlife women: A systematic review», *Climacteric,* 2015, 18, 157–176.

ISLAMI, F., *et al.*, «Proportion and number of cancer cases and deaths attributable to potentially modifiable risk factors in the United States», *CA: A Cancer Journal for Clinicians,* 2018, 68, 31–54.

JETT, S., «Ovarian steroid hormones: a long overlooked but critical contributor to brain aging and Alzheimer's disease», *Frontiers in Aging Neuroscience,* 2022, 14, 948219.

JOHNSON, C. E., DUNCAN, M. J. Y MURPHY, M. P., «Sex and sleep disruption as contributing factors in Alzheimer's disease», *Journal of Alzheimer›s Disease,* 2024, 97 (1), 31–74.

KHALEGHI, M., *et al.*, «Estrogen attenuates physical and psychological stress-induced cognitive impairments in ovariectomized rats», *Brain & Behavior,* 2021, 11, 2139.

KHOSLA, S. Y MONROE, D. G., «Regulation of bone metabolism by sex steroids», *Cold Spring Harbor Perspectectives in Medicine,* 2018, 8 (1), a031211.

KIRK, B., ZANKER, J. Y DUQUE, G., «Osteosarcopenia: Epidemiology, diagnosis, and treatment-facts and numbers», *Journal of Cachexia, Sarcopenia & Muscle,* 2020, 11, 609–618.

KIM, C., *et al.*, «Risk of incident coronary heart disease events in men compared to women by menopause, type and race», *Journal of the American Heart Association,* 2015, 4(7), e001881.

KOVACHEVA V. P., *et al.*, «Preeclampsia prediction using machine learning and polygenic risk scores from clinical and genetic risk factors in early and late pregnancies», *Hypertension,* 2024, 81 (2), 264–272.

KRAVITZ, H. M., JANSSEN, I., *et al.*, «Relationship of daytoday reproductive hormone levels to sleep in midlife women», *Archives of Interal Medicine,* 2005, 165, 2370–2376.

KRAVITZ, H. M., ZHAO, X., *et al.*, «Sleep disturbance during the menopausal transition in a multi-ethnic community sample of women», *Sleep*, 2008, 31 (7), 979–990.

KREMER, C., LORENZANO, S. Y KRUUSE, C., «Editorial: Sex differences in cerebrovascular diseases», *Frontiers in Neurology*, 2023, 13, 1128177.

LEPHART, E. D. Y NAFTOLIN, F., «Factors influencing skin aging and the important role of estrogens and selective estrogen receptor modulators (SERMs)», *Clinical, Cosmetic & Investigational Dermatology*, 2022, 15, 1695-1709.

LI, H., *et al.*, «Predictors of cognitive deterioration in subjective cognitive decline: Evidence from longitudinal studies and implications for SCDplus criteria», *Journal of Neurology, Neurosurgery & Psychiatry*, 2023, 94, 844–54.

LIU, J. H., «Selective estrogen receptor modulators (SERMS): Keys to understanding their function», *Menopause*, 2020, 27, 1171–1176.

LLARENA, N. Y HINE, C., «Reproductive longevity and aging: Geroscience approaches to maintain long-term ovarian fitness», *The Journals of Gerontology*, 2021, 76 (9), 1551–1560.

LOBO, R. A., *et al.*, «Back to the future: Hormone replacement therapy as part of a prevention strategy for women at the onset of menopause», *Atherosclerosis*, 2016, 254, 282-290.

LOPEZ-LEE, C., *et al.*, «Mechanisms of sex differences in Alzheimer's disease», *Neuron*, 2024, 112 (8), 1208–1221.

LUCÀ, F., *et al.*, «Update on management of cardiovascular diseases in women», *Journal of Clinical Medicine*, 2022, 11(5), 1176.

MAKI, P. M. Y JAFF, N. G., «Brain fog in menopause: A health-care professional's guide for decision-making and counseling on cognition», *Climacteric*, 2022, 25, 570–578.

MALANI, S. N., SHRIVASTAVA, D. Y RAKA, M. S., «A comprehensive review of the role of artificial intelligence in obstetrics and gynecology», *Cureus*, 2023, 15 (2), e34891.

MANSON, J. E., *et al.*, «Menopausal hormone therapy and long-term all-cause and cause-specific mortality: The Women's Health Initiative Randomized Trials», JAMA, 2017, 318, 927–938.

MARCHANT, I., CHABERT, S., *et al.*, «Estrogen, cognitive performance, and functional imaging studies: What are we missing about neuroprotection?», *Frontiers in Cellular Neuroscience*, 2022, 16, 866122.

MARCHANT, I., STOJANOVA, J., *et al.*, «Estrogen rapid effects: A window of opportunity for the aging brain?», *Neural Regeneration Research*, 2022, 17 (8), 1629–1632.

MARGOLIS, K. L., *et al.*, «Effect of oestrogen plus progestin on the incidence of diabetes in postmenopausal women: Results from the Women's Health Initiative Hormone Trial», *Diabetologia*, 2004, 47, 1175–1187.

Matte Bon, G., Kraft, D. y Kaufmann, T., «How sex and gender shape functional brain networks», *Science Advances,* 2024, 10 (28), eadq3079.

Mills, Z. B., Faull, R. L. M. y Kwakowsky, A., «Is hormone replacement therapy a risk factor or a therapeutic option for Alzheimer's disease?», *International Journal of Molecular Sciences,* 2023, 24 (4), 3205.

Minami, C. A. y Freedman, R. A., «Menopausal hormone therapy and long-term breast cancer risk: Further data from the Women's Health Initiative Trials», *JAMA,* 2020, 324(4), 347–349.

Monteleone P., *et al.*, «Symptoms of menopause, global prevalence, physiology and implications», *Nature Reviews. Endocrinology,* 2018, 14, 199–215.

Mulvagh, S. L., *et al.,* «The Canadian Women's Heart Health Alliance ATLAS on the epidemiology, diagnosis, and management of cardiovascular disease in women — Chapter 9: Summary of current status, challenges, opportunities, and recommendations», *CJC Open,* 2023, 6 (2Part B), 258-278.

Naftolin, F., *et al.,* «Cardiovascular health and the menopausal woman: The role of estrogen and when to begin and end hormone treatment», *F1000Research,* 2019, 8, 1576.

Nappi, R. E. y Simoncini, T., «Menopause transition: A golden age to prevent cardiovascular disease», *The Lancet. Diabetes & Endocrinology,* 2021, 9, 135–137.

Nappi, R. E., *et al.*, «Menopause: A cardiometabolic transition», *The Lancet. Diabetes & Endocrinology,* 2022, 10, 442–456.

National Collaborating Centre for Women's and Children's Health (UK), *Menopause: Full guideline,* Londres, National Institute for Health and Care Excellence, 2015.

Nerattini, M., *et al.*, «Systematic review and meta-analysis of the effects of menopause hormone therapy on risk of Alzheimer's disease and dementia», *Frontiers in Aging Neuroscience,* 2023, 15, 1260427.

Ortmann, O., *et al.*, «Peri and postmenopause diagnosis and interventions interdisciplinary S3 guideline of the association of the scientific medical societies in Germany (AWMF 015/062): Short version», *Archives of Gynecology & Obstetrics,* 2020, 302, 763–777.

Papadakis, G. E., *et al.*, «Menopausal hormone therapy is associated with reduced total and visceral adiposity: The OsteoLaus cohort», *Journal of Clinical Endocrinology & Metabolism,* 2018, 103 (5), 1948–1957.

Paramsothy, P., *et al.*, «Duration of the menopausal transition is longer in women with young age at onset: The multiethnic Study of Women's Health Across the Nation», *Menopause,* 2017 24, 142–149.

Park, Y. M., *et al.*, «The association between metabolic health, obesity phenotype and the risk of breast cancer», *International Journal of Cancer,* 2017, 140, 2657–2666.

Pertyńska-Marczewska, M. y Pertyński, T., «Postmenopausal women in gynecological care», *Menopause Review,* 2021, 20 (2), 88–98.

Quach, A., *et al.*, «Epigenetic clock analysis of diet, exercise, education, and lifestyle factors», *Aging,* 2017, 9 (2), 419-446.

Rossouw, J. E., *et al.,* «Risks and benefits of estrogen plus progestin in healthy postmenopausal women: Principal results from the Women's Health Initiative randomized controlled trial», *JAMA,* 2002, 288 (3), 321-333.

Ruth, K. S., *et al.,* «Genetic insights into biological mechanisms governing human ovarian ageing», *Nature,* 2021, 596 (7872), 393–397.

Santoro, N., Brown, J. R., *et al.,* «Characterization of reproductive hormonal dynamics in the perimenopause», *Journal of Clinical Endocrinolology & Metabolism,* 1996, 81, 1495–1501.

Santoro, N., Isaac, B., et al., «Impaired folliculogenesis and ovulation in older reproductive aged women», *Journal of Clinical Endocrinolology & Metabolism,* 2003, 88, 5502–5509.

Sato, K, Inoue, S. y Takayama, K. I., «Expression and function of estrogen receptors and estrogen-related receptors in the brain and their association with Alzheimer's disease», *Frontiers in Endocrinology,* 2023, 14, 1220150.

SCHROEDER, A., *et al.*, «Raloxifene recovers effects of prenatal immune activation on cognitive task-induced gamma power», *Psychoneuroendocrinology,* 2019, 110, 104448.

SHORTHILL, S. K., *et al.*, «The influence of estrogen on myocardial post-translational modifications and cardiac function in women», *Canadian Journal of Physiology and Pharmacology,* 2024, 102 (8), 452-464.

SINHA, T., *et al.*, «Gender matters: A multidimensional approach to optimizing cardiovascular health in women», *Cureus,* 2024, 16 (6), e61810.

SMITS, M. A. J., *et al.*, «Longevity pathways are associated with human ovarian ageing», *Human Reproduction Open,* 2021, 2, hoab020.

SOCHOCKA, M., *et al.*, «Cognitive decline in early and premature menopause», *International Journal of Molecular Sciences,* 2023, 24, 6566.

SPIERS, G. F., *et al.*, «Trends in health expectancies: A systematic review of international evidence», *BMJ Open,* 2021, 11(5), e045567.

SUN, Q., *et al.*, «Role of estrogen in treatment of female depression», *Aging,* 2024, 16 (3), 3021-3042.

SVENSSON, A., *et al.*, «Applicability of polygenic risk scores in endometriosis clinical presentation», *BMC Womens Health,* 2022, 22 (1), 208.

TENGLAND, P. A., «The concept of work ability», *Journal of Occupational Rehabilition,* 2011, 21, 275–285.

Tesarik, J., Galán-Lázaro, M., y Mendoza-Tesarik, R., «Ovarian aging: Molecular mechanisms and medical management», *International Journal of Molecular Sciences,* 2021, 22, 1371.

Trémollieres, F. A., *et al.,* «Management of postmenopausal women: Collège National des Gynécologues et Obstétriciens Français (CNGOF) and Groupe d'Etude sur la Ménopause et le Vieillissement (GEMVi) Clinical Practice Guidelines», *Maturitas,* 2022, 163, 62–81.

Wu, J., *et al.,* «Aging conundrum: A perspective for ovarian aging», *Frontiers in Endocrinology,* 2022, 13, 952471.

Xiao, X. y Wu, Q., «Validation of a genome-wide polygenic score in improving fracture risk assessment beyond the FRAX tool in the Women's Health Initiative study», *PLOS ONE,* 2023, 18 (6), e0286689.

Xu, Q., Lang, C. P. y Rooney, N., «A systematic review of the longitudinal relationships between subjective sleep disturbance and menopausal stage», *Maturitas,* 2014, 79, 401–412.

Xu, B., *et al.,* «Estrogens promote misfolded proinsulin degradation to protect insulin production and delay diabetes», *Cell Reports,* 2018, 24, 181–196.

Young, L. y Cho, L., «Unique cardiovascular risk factors in women», *Heart,* 2019, 105, 1656–1660.

Zondervan, K. T., «Genetic influences on the timing of menopause», *Nature,* 2021, 596, 345-346.